所有治愈，都是自愈

[美] 莎拉·佩顿
(Sarah Peyton)———著

宋蕾———译

上海交通大学出版社
SHANGHAI JIAO TONG UNIVERSITY PRESS

图书在版编目（CIP）数据

所有治愈，都是自愈 / (美) 莎拉·佩顿
(Sarah Peyton) 著; 宋蕾译. -- 上海：上海交通大学
出版社, 2024.1
ISBN 978-7-313-29519-4

Ⅰ. ①所… Ⅱ. ①莎… ②宋… Ⅲ. ①情绪 – 自我控
制 – 通俗读物 Ⅳ. ①B842.6-49

中国国家版本馆CIP数据核字(2023)第184086号

上海市版权局著作权合同登记号：图字：09-2023-276

所有治愈，都是自愈
SUOYOU ZHIYU, DOU SHI ZIYU

著　者：	[美] 莎拉·佩顿			
译　者：	宋　蕾			
出版发行：	上海交通大学出版社	地　址：	上海市番禺路 951 号	
邮政编码：	200030	电　话：	021-64071208	
印　制：	唐山富达印务有限公司	经　销：	全国新华书店	
开　本：	880 mm×1230 mm　1 / 32	印　张：	11.5	
字　数：	278 千字			
版　次：	2024 年 1 月第 1 版	印　次：	2024 年 1 月第 1 次印刷	
书　号：	ISBN 978-7-313-29519-4			
定　价：	68.00 元			

版权所有　侵权必究
告读者：如发现本书有印刷质量问题请与印刷厂质量科联系
联系电话：010-83670070

以感激、爱意、温柔，

致敬尼克与本

终有一日，你会明白：包裹严实藏在花蕾里的疼痛远比尽情绽放难耐。

　　　　　　　　　　　　——阿娜伊斯·宁

序　言

如果作家在奋笔疾书时充满激情、饱含哲思且以个人经历为基础的话，那么他会给读者带来某种独特的感觉，字里行间透露着大智慧的全脑思维。让读者充分感受到作者创作时的全神贯注，他笔下的内容将点点滴滴渗透进我们的心田，悄然改变我们的思绪。而本书作者莎拉就是这样的人。

八年前，第一次见到她时，我就注意到她对任何事都充满了好奇心，并且这种好奇心促使她能够马上投身于研究，探索那些未知的答案。她乐于探究大脑科学（和其他许多事情）的微妙之处，对合成那些搜集来的碎片内容也有独特的技巧。于是，当她发现大脑的独立运转以及与其他机能协作运转的原理时，她开始孜孜不倦地对这些原理进行实践和演练。

莎拉为人谦逊，语言诙谐，尽管她的人生跌宕起伏——获得了数次成功也遭受了数次失败，旧伤愈合之时新伤又不断出现——但她仍能淡然处之，这样的经历使她成了一个优秀的女人，一个可信的人生导师，她以自身脆弱的一面和专业知识吸引他人的信任。当我得知她要写书时，我马上联系诺顿公司商谈出版之事，这样她的想法和心声就可以被大众所聆听，我为此感到非常高兴。

这本书凝聚了我们这些年辛勤研究和实践的成果，使我们在聆听心声时更加富有同情心，温柔待之，从而打开愈合心灵伤楚之门。在这一过程中我们也必然会变得更加善解人意，对他人更加关怀，这是再好不过的事情了。当今世界正在面临严峻的挑战——呼唤我们面对个体的同理心、品味、关系之间的异同能够更加包容，激发对异同的共鸣，欣赏彼此身上的内在潜能。无论我们是否看好当今社会应对挑战的能力，都能对此有所感悟。莎拉所描述的自我冥想指南可以作为我们助推内心创伤愈合的基石。正因我们在经历这些挑战，自我温暖才是治愈活动中的最佳方法。

本书每个章节都清楚地描述了冥想指南的核心概念并对相关的大脑结构进行了介绍。这一独特设计首先让我们对其内容有了初步的了解，然后再带领我们不断漫游冥想世界，加深领悟，继而怀着一颗善意之心慢慢地走进灵魂深处。书中在讲述神经系统科学知识时，会时不时配有一些精美的图片，有助于我们理解当某种经历发生时，大脑内与之相关联的结构是如何运作的。事实上，人类的大脑是能够很好地表现幸福之感，积极配合治愈的，因此我们很可能找到更大的希望产生感激之情，甚至超过科学理论能理解的程度。我可以想象得到，在开始下一章节之前，我会不止一次地阅读、练习和吸收前一章所述的知识。实际上，打探一下我们的内心世界什么时候可以开启"下一章之旅"是会有一定帮助的，虽然这并非我们常用的阅读方式，却是对莎拉所荐超赞技能的练习和尊重，即深入聆听，感悟内心。

本书对几大主要原理也进行了探索。人类生命的每一个阶段都要建立人际联络的"桥梁"，如果我们身边没有这样的"桥梁"，那我们很可能会形成怜悯型的自我见证模式。人类的思想既可以参与到一段经历中去，也可以以善意之心观望这段经历。这是一种可以培养的能力，所以任何人都能够得到同情心缺乏的治愈。（虽然我想说的是，莎拉以其饱含同理心的文字成为自我共鸣之旅中最为了不起的追随者。）

第二个能够使我们缓解思绪的潜在原理则是，每一个心声，无论它是多么悲痛，都有相助的潜能。我们认识到这一点，就意味着它可以平息存在于我们所爱、所忍受、所恨和所欲之间的挣扎。当我们对这些内心挣扎开始释怀，认识到它们可能也有存在的价值时，我们的生活就会开始发生巨大的转变。莎拉对那些我们常常想避而远之的负面情绪投入了极大的同情心，这也是对我们柔化情绪、坦然处之的鼓励。

第三个原理就是：治愈是一个循序渐进、可操作的过程，具有其自身的逻辑和时效性。莎拉从较容易理解和接受的内心之旅出发，逐渐过渡到大众可能认为较具有挑战性的层面。她的善解人意、丰富的个人阅历以及这么多年来同其他有过创伤的人们的接触，为我们都能够找到各自的步调留出了一定的空间，帮助我们找到可以以同情之心而非批判之心对待困难的步调——即使需以批判渡难关时，也要以温柔待之的步调。这一博爱之心为我们逐渐向泰然处事之心态转变铺设了康庄大道。

我相信这本书能够激发我们更大的共鸣。无论我们是经历过各种鞭策的治愈者、教师、父母、在人际神经生物学（interpersonal neurobiology, IPNB）方面见多识广的临床医师，还是寻求更多内心和谐的普通人，莎拉所著的这本书都将成为有助于我们身心成长与治愈的宝贵资源。

华盛顿州温哥华市

邦尼·巴德诺赫

前　言

　　你的心声听起来是怎样的，那个隐藏于你大脑中，只有自己才能听到的心声？如果你能静心片刻去感受一下自我的存在是何种感觉，那么你将会发现其实你对自身持有一种特殊的态度。也许你会对自己和内心的激情欣喜若狂，对正在投入的事情倍感兴奋。（果真如此的话，可能在读了这本书后，你为他人所做的事情会变得更加有意义。）

　　人们有时也会对自己感到失望。人们渴望成功、能力十足或优雅处事，渴望对自己的天赋了如指掌并将其充分发挥。人们有时也会对自己感到愤怒、失望或悲伤，且这种悲伤的负面影响常常超过自身承受限度。对他们来说，这种情绪即使只停留片刻，也会令他们感到排山倒海般的冲击和痛苦，所以他们不惜一切代价来避免和自己的想法独处，甚至宁愿不计后果地用电击甩掉这些想法，也不愿那样呆若木鸡地陷入情绪中。当人们在沮丧与羞愧或碾压自己的狂躁恐惧感中苦苦挣扎时，就学会了能够避开与大脑独处的技能：

漫无目的地忙碌、进行无休止的纸牌游戏、沉迷于手机上的社交媒体、变身为工作狂或不停转变状态使自己符合内心期望。（当我在本书中引入新术语时，我会对这些术语进行定义并用黑体字标出，以便读者可以在本书最后的术语表中查询。例如，对"沮丧"一词的适用定义是：持续的悲伤、丧失愉悦感或对生活失去兴趣；沮丧可伴随着疲惫和持续的压迫感。）

每个人都有其内心的声音。有些人用语言表达，有些人用语调表达。心声可以是**情感温暖**的持续流动；可以形容为难以自控之情感的河流；对某些人来说，心声似乎毫无感情，哪怕在回顾社会生活与人际关系时也是如此。它审视我们的生命是否按既定轨道运行，是否始终行走在正确的道路之上。

情感温暖

情感温暖是指人与人之间相遇时彼此以关爱与接纳之心善待对方的感受。从身体层面讲，当我们彼此靠近至可以感知到对方的体温时，就能切身体会到这种温暖，因此"情感温暖"一词也包含亲密感和舒适的身体接触的可能性。

这是一种什么样的感觉呢？宛如暖化我们心田的温热，一直渗入至我们胸膛和小腹。这种温暖伴随着放松与舒适，带给我们丝丝归属感。

情感温暖源自哪里？它来自被呵护、抚育和栽培时产生的情感。当我们遇到麻烦时尤其能体会到这种情感温暖。

　　什么样的力量、想法或行为会降低温暖感呢？自我厌恶、自我批评及自我评判。和打量自己的人打交道时，他们总是歪着一边嘴角同我们交谈，对我们妄下定义、贴上标签，又或者对他们的真实想法直言不讳，这些都会使温暖感降低。要求自己变得完美这种观念本身也会降低温暖感。

　　如何才能培养情感温暖呢？找到使我们自身真正感觉良好和对我们真正有益的事物，接触那些能够带来美好感觉的事物，并全身心去体验和放松，亦不失为一种自然之法。"共鸣"将温暖播种，让其生根发芽，变得强壮和坚韧。在聚会上一起分享营养充足、美味可口的佳肴，一起欢笑，同样能够培养这种情感。无条件地被他人接纳可以为我们带来温暖，因被爱而产生的惊喜也可以滋养温情。

　　心声常常看起来是情感空洞的集合体，但无论其基调如何，心声都趋向于流入对善恶及美丑喋喋不休的争论之中：我们是谁？我们都干了什么？我们把什么抛于脑后？出现在我们生活中的那些人又都干了些什么？正在做什么？还有什么未尽之事？

　　不相信吗？那么放下本书片刻，看看会发生什么事情。等待一段时间之后，之前越过大脑中的那些词语所激起的想法就会尘埃落定。当大脑并非有意识地在做某事时，脑海中自动生成的就是我们的心声。即使我们听不到这种声音，也可能通过自己对待自己或看待别人的方式猜到这是一种什么样的声音。如果我们曾经有过被他人而且是我们认为很重要的人（如父母、祖父、老师或友善的邻里）了解和因他们而欣喜的经历，那么我们的想法可能会谱写出轻松和轻柔的情绪基调。

　　如果人们曾有过其他生活经历——比如说，父母或配偶想要他们提升自己的时候，希望仅通过沟通就使其变得"更好"；父母或配偶精疲力竭时，却还要求他们待在身边而不是跟自己保持一定距离；抑或是父母或配偶太过于繁忙而无暇他顾，以至于忽视他们的存在—— 一个人的心声就可能显得非常不同。对大多数人来说，这种心声可能会很消极、残酷无情，有时甚至是恶毒的。

即使上面罗列的情况都有，那也不是坏事。如果你不喜欢心声对待你的方式，你也可以通过倾听、理解来让它转变。当人们阅读至此，按照自我共鸣理论所鼓励的那样认同自我、同情与理解自我情感时，通常会让自己保持忙碌状态以释放使自己分心的情感：一周七天，一天花大量时间看电视、玩电脑或手机；通过品尝美食或者小酌几杯来抚慰内心。或者与此相反，还会出现一系列不同的可能，即以新方式回应消极心声。

当心声变得更加冷静，自我支持的音调也越来越高时，人们开始喜欢上自己。这种情况往往出现在"**共鸣**"这一现象产生之时，且是不可阻挡、必然发生的。共鸣其实是感知他人对自我情感的理解，并以情感温暖之怀和宽宏包容之心对待自己的一种经历，我们明白他人会感同身受，我们的情感与渴望也会在他人那里得到共鸣。

那么，共情与共鸣之间的差异是什么？"共情"一词的定义有许多，包括站在他人立场进行换位思考，理解他人的经历、解析他人的情感世界以及体会相关情感等。但这些概念都没有抓住"我们"这一词语的核心内涵，而这一核心恰恰就是共鸣的一部分。在共鸣的相互作用中，接收共鸣的一方会说："是啊，有你支持我、理解我。"共鸣的表达多种多样，可以是一句话、一声叹息，也可以是身体的放松。当我开车从无家可归的人们身旁经过时，我会对他们产生共情，而他们永远也不会知道；我们不会跟一个与自己素不相干的人产生共鸣；共鸣的产生是以两个人之间的关联经历为基础，所以其他不相干之人不能简单地宣称能与我们产生共鸣。共鸣的接收方是那些能够说出其他人的存在或语言能引起自己共鸣的人。

你可能会想："如果心里能不能好受取决于两个人之间有没有做应该做的事，那么就彻底坏事了——我没有其他人可依靠，我在这世上孤身一人。"而这就是我写这本书的原因——我想告诉人们如何与自己相处，这也正是我将书的主题定为"resonant"——共鸣的缘由。为了能与自己产生共鸣，你需要留意一下自身所具有的两个不同组成部分：情感自我和共鸣自我。你的情感自我可以说是那个正在努力形成共鸣的"自我"。情感自我始终是双人体验，只不过这"两个人"都存在于你的内心罢了。

·如果你偶尔感到悲伤，需要治愈快点降临，这本书就是你的希望之光。

·如果你禁锢于旧的思想，渴望实现积极的转变，这本书就是你的转折点。

·如果你有时感到岌岌可危，想要铸造坚实基础，稳扎脚跟，这本书就是你的奠基石。

·如果你曾感到烦躁不安，想要平和冷静，这本书就是你的镇静剂。

·如果你偶尔感到彷徨，想要活出真正的自我，这本书就是你的指明灯。

· 如果你曾感到沮丧，想要找到一个继续前进的理由，这本书就是你的推动力。

· 如果你有时需要对自己所做之事坚定信念，这本书就能给你信念的力量。

· 如果你想了解大脑，这本书就是为你解开大脑之谜的钥匙。

书中所述字字珠玑，我将用我最好的研究心得与方法，带领你的大脑踏上一段思绪之旅——与我一道学习如何重塑你的心声。旅程分为与身体相关的治愈之径、了解大脑与**共鸣语言**等几部分。

共鸣技巧 0.1：何为共鸣技巧？

人类用语言来建立联系。当人与人产生语言共鸣时，二者之间就形成了一道联系的纽带；而当语言带有批判、评价或物化性质时，二者的思维联系就会断开，其中的情感温暖也会被剔除殆尽。一个人描述问题的方式透露出其思想是否具有连贯性、完整性，描述的过程中能体现大脑如何构思以及其内心深处对自己和他人所持的态度。人们不同的沟通方式，要么带来自我支持或幸福感，要么给自己造成压力或导致韧性缺失。当人们改变沟通方式时，就能相应改变其大脑的思维方式。语言是走向温暖内心的起点。通过本书，我们将建立一种运用语言以支持大脑整合的技巧，这被称为"共鸣技巧"。当人们不再纠结于自我比较与批评，而是渐渐开始理解自己，温暖内心，关怀自我，大脑健康之旅也就正式启程。

本书每个章节都有可以让读者体会到共鸣语言是如何通过冥想与共情引导从而改变大脑思维的内容。读者可以从中了解到大脑是如何运作，进而产生自我认知与自我同情的。

当我们发现所想所做之事是有意义的，且我们自古以来所持的"自蔑思想"其实也是大脑想要尽其所能保护自身的一种努力，那么一种新的温情就油然而生。当我们了解大脑思维时，就能开始编织新的关系网，这种关系网可以使我们更加宽容地善待自己。当我们开始思量与人打交道的方式，考虑他人以及上几代人的大脑思维和行为方式对我们自身的想法和情感模式的影响时，自我认知的框架就变得更大、更复杂。人们会对关于人类及人类行为的一些方面产生一定的好奇心，让生活处处变得更加丰富有趣。

因此，我希望你在阅读本书时通过大脑思维将事物以一种全新的方式连接起来。当我要求你把自我意识注入思想，同时对自我情感、好奇心及接纳自我都有所感知时，就生成了这种全新的思维连接模式。你可能从未以情感温暖的方式审视过自己。

我们的大脑是随着个人的经历而不断生长和变化的。当我们关注"我们如何感知自己""以善意理解他人的能力"时，突然之间我们就孕育出一种与自我相处的新方式，这即是本书的精华所在。当我以文字形式描绘这些新的概念，而你以阅读形式沉浸其中，我们将共同帮助你的大脑一点点进行改变，使它变成让你更加舒心的港湾。

在这场思维变化之旅中，本书内容将引导你尽可能留意自己的身体感受和情感反馈，你从生理与情感层面上对自我感知越多，且越意识到自我内心最深处的渴望与情感之间的联系，则改变就越多。

本书将引导你进行自我学习，以新视野审视人生。无论你的信仰是什么，人生都不能被一些所谓的信条定义。你既不是固封于顽石，也非困顿于冰霜。当你发现自己或曾自责，或曾顽执于情感创伤（发生在你周围的令你难以接受、深陷恐惧或痛苦，无法承受、无法整合的经历）时，你会真正认识到真实的、宽容的生活究竟是什么样子。一旦这些生活片段真正影响你，你将开始编织一张理解之网，接纳所有你所做出的决定，认为它们都是合情合理的。无论你曾多少次嘲笑自己"白痴"或后悔曾经所做之事，只要你明白大脑的冻结能力与自我保护功能，就会知道其实自己一直在尽力做出最好的选择。在通往治愈的道路上，我们将从生理上改变自己的大脑。

大脑概念：神经可塑性

大脑实施改变的能力这一内容的科学定义写作"neuroplasticity"，即"神经可塑性"。我在很长一段时间内都不认为"plastic"一词有什么实际意义，因为我把塑料仅当作一种坚硬的东西，但是在大脑神经学方面，这个词的含义是可塑造性。"神经可塑性"一词是指，人类大脑的基本细胞——神经元，随着人的生活经历而生长和变化，它们彼此的关联方式也会发生变化。

大多数人在听到"大脑"一词的时候会立即联想到存在于头骨之内那个表面凹凸不平、形似核桃的器官。然而，组成脑部的细胞与身体的**分散神经系统**（身体上所有的神经，包括颅脑的神经元）相连，而且是紧密联系、不可分割的。人们对大脑的研究和了解的相关知识越多，对颅脑与整个"身体大脑"之间的理解差异就越少。

在本书中，当我只描写存在于颅骨中的大脑这一个方面时，我会将其定义为"颅脑"。当我提及"大脑"一词时，则指布满身体内的整个神经系统，包括头骨内的脑子。我偶尔会用"大脑"这个词来指示整个身体或分散的神经系统抑或是脑体，以提醒你，我现在正在谈论的是全部身体及头骨。

颅脑内密密麻麻分布着几十亿个神经元（被研究最多的脑细胞）及其他辅助脑细胞。颅脑内部构造与外部截然不同，所以试图用我们所熟悉的架构和图像来描述它是不合理的。颅脑运转更像是在一个量子空间，而非遵循物理学的常规轨道。同时，来自相似空间的图像也可帮助人们适应新的学习任务，因此，我将努力使用对比方法，对相似空间复杂度不足及大脑基本不同点缺乏进行定义。举例来说，神经元有点像树木（某些科学家甚至就称它们为"树"），每个神经元都有数个"分支"（称为神经的**树突**）及一条突起（称为**轴突**），不过它们在许多方面都不同于树木。就像树木通过树叶进行气体交换，通过根茎进行化学物质转换一样，被大脑物质紧密包裹的神经元从各个方向将自己的分支与突起清晰排列，利用不同的脑部化学"信使"将不同信息传递给其他神经元，几乎不间断地将能量与信息从一个神经元的轴突传递到另一个神经元的树突。而且神经元与树木相比，具有更强的反应性和可变性。树木的枝干一旦长成，就会随着时间的推移，要么自行衰朽，要么受到外力敲击而掉落。而神经元的分支（树突）则始终处于变化之中，这完全取决于我们如何使用大脑。

所有人的颅脑中每天都有新的神经元出现，这被称为**"神经发生"**。这些新的神经元有助于我们接收新信息并从中学习。但是大脑习得知识的主要方式是形成并加强在大脑未知地带中存在的神经元之间的关联。神经元与尚未进行接触的脑部各区域之间是可以进行关联的,并由大脑整体解读。

记忆是从各个信息源中收集的多重信息的集合。我们所称的"学习"就是指发生在上百万个神经元细胞之间的神经元连接和关联的过程。神经元的组织结构与重组现象是学习的根基,也是神经可塑性的实质。下面就是大脑在学习过程中所发生的一些改变:

·神经元在树突上发起新的突起,称为**"突棘"**,突棘可接受从其他神经元轴突传入的信息,从而建立新的连接。有时,这个学习过程可在大脑中停留很长时间,突棘也待在原地,甚至自己也转变为树突。有时,大脑遗忘了事情,突棘和连接就消失不见。这个过程即是"神经重塑"。

·被称为"突触"的连接站点位于神经元之间,它会不断形成与消失。

·突触可改变其生成和接受脑部化学信使的方式。举例来说,甲基苯丙胺 ① 药物服用者的大脑会降低某类**受体**(接受化学信使的树突末梢区域)的数量,这种受体可检测出叫作多巴胺的脑部化学物质,以调节甲基苯丙胺因突触接收到高于大脑通常产生数量的多巴胺所引起的突高情况。在其他情况下,受体数量可能会增加,寻找缺失的某种大脑化学物质。我们通过治愈行为在大脑中引入情感温暖和情感交融,因此,从生理上改变那些能够保持心情、影响世界观的

---

① 精神药品,冰毒的有效成分。

大脑化学物质的平衡系统是极有可能实现的。

·经过循环往复之后，神经元间连接和关联的数量与强度也随之增加。单个神经元倾向于按照以往类似经历建立连接与关联，这就意味着有过被恐吓或受创伤经历的情况会促使神经元更易于建立应对恐吓创伤的连接。如此一来，创伤幸存者更易于"看见"或"感觉"到恐惧，甚至孤身一人时，也会感受到莫名的恐惧。

当你在读这本书时，你的大脑会在已有知识、经历与本书内容之间构建新的关联，也就是吸取新知识，学习如何进行自我思考。当事情以一种新的方式聚合在一起时，所有这些都会帮助我们理解世界。

本书聚焦**人际神经生物学**领域，该领域将关联大脑（不仅包括大脑本体，也包含大脑之间是如何互相影响的）各个领域的研究收集整合起来，如认知神经科学与社会神经科学、依附研究及心理学。（人际神经生物学概念背后的理论最初是在由诺顿公司出版，主编丹尼尔·西格尔撰写的人际神经生物学系列丛书中提出的。）当我们在该研究中加入对身体声音重要性及共鸣共情如何给予我们支持这两个方面的理解时，我们就会明白若想改变大脑都需要做些什么。

虽然我们常常希望仅靠一己之力就能解决所有问题，但这种想法根本行不通。我们需要他人的帮助及善心以治愈伤痛，勇往直前。人类属社会性动物，如蜜蜂或象群一样以群居形态而生存。人类的大脑生来就是需要被他人所感知与安抚的。神经系统就是这样形成的，当我们感到安全时，就会把注意力集中在人的面孔和声音上，除非其他人永远不安全。我们通过词汇与语言把爱与关怀（抑或是恨与轻蔑）向他人、父母与子女、配偶或朋友进行传递，这种传递甚至可以超越空间与时间，飞过大洋彼岸，跨过几代人。

另外，如果一个人知道其他人不安全，那么只有当周围无人或与动物相伴时，才可能放松下来。在这种情况下，这个人或许会选择求助于临床医师——专注于重建关系依附及提高与他人相处时安全可能性的医师。本书中所谈及的某些内容则有助于这方面的学习。

共鸣技巧 0.2：明智之人

正如我们在对大脑与身体的学习过程中所看到的那样，其实我们是明智之人，做明理之事。人类的恐慌均事出有因，接踵而至的担忧时常超出预料，痛苦如影相随。我们能够采取简单可行的方法消除痛苦，哪怕这并非什么易事。我们在学习基础的思维模式以及大脑运作的方式时，才开始明白我们所陷入的困境、无能、挣扎甚至是后悔的举动都可以被看作是一种怜悯。

与此同时，我们又获得新的机会对这些行为负责，平复创伤，弥补过错。另外，我们也可温暖自己、理解自己，向家庭及世界展示出最好的自己。我们对大脑了解得越多，事情就变得越容易，虽然自我轻视、自我放逐及自我评判的质疑声还是会存在，但可能会变得柔和一些。

随着我们更加深入地了解大脑这个复杂体，我们会发现其实亲历的每一段重要的关系，都会在大脑里留下印记。我们在母胎的时候就被深刻地影响着，婴童时期，父母及保姆对我们的照顾也会留下深刻的影响。通过弥补过去关系中的创伤，我们也可以改变自己。

　　21 世纪最初 10 年间，我每周都给各个监狱的服刑人员授课，传授有关大脑及如何使用语言方面的知识。我也把自己从这些授课中所获得的经验和故事写进了书中，图文并茂地描述人生中可能需要学到的知识。当你读到这些故事时，请你思考一下我们每个人禁锢于自己固有习惯与模式时的行为方式。人类所表现出的痛苦的几大形式，如焦虑、压抑以及上瘾，是很令人不安和难受的，而人们常常在这个时候评判自己。我们将会了解到其实在某种程度上这些痛苦形式是可以为我们带来希望之光的，即使看似不再起实际作用。在接下来的内容中，我们将一起学习这些形式，探讨应对方式。

　　本书的技能介绍篇将开启治愈之旅的大门，当我们对大脑开始有所了解之时，变化就悄然而至。书中引入了神经可塑性这一概念，意味着大脑变化是可以真正实现的，贯穿本书每个章节的内容还包括我们即将踏上的其他治愈之旅的概况。本书将逐节分步地介绍人类的大脑与身体，分享来自社会神经科学与依附研究领域的新科学发现。这些新发现趣味横生，能够帮助我们了解人类大脑如何运作，创造自我同情的基础。

　　当你浏览各个章节的大纲时，想象一下通过理解大脑系统与改变行为模式让生活变得更加美好的方式。我希望我们都能更加了解、爱惜和善待自己。

第一章　为什么我总是觉得自己不够好

　　本章旨在向那些始终认为自己有一定问题的人们提供帮助，并介绍自我温暖在共鸣中所发挥的作用。冥想指南需要我们学习培养自我温暖的基本技能以提高关爱之心。这关爱之心就像是一颗种子，慢慢成长，逐渐成为能够温暖整个身心的大树。除了建立对大脑结构的基本理解模式之外，我们还开始聆听与自己交谈的方式（默认网络模式，英文缩写为 DMN，又称默认状态网络），以想象自我温暖是如何改变心声的。

第二章 大脑——情绪的"反应堆"

本章描述温暖陪伴的益处以及自我温暖是如何让我们保持情感平衡、变得更加有韧性的。先从温暖内心开始，逐渐过渡到温暖整个自我，我们可以学习协调技能，然后了解共鸣是如何随之而来的。冥想指南也可以从细微之处开始，仅调动一个细胞就可以引起共鸣。在本章节中，我们会学习如何掌控情绪，接触杏仁核及前额皮质（prefrontal cortex, PFC）的相关概念，并了解这两个概念之间如何保持健康关系。

第三章 共鸣如何帮助我们，走向更自由和广阔的空间

本章持续触及自我温暖及自我理解的概念。冥想指南将带领读者发现属于自己的自我见证，揭开情绪词汇间的微妙差别，讨论催产素、雅克·潘克塞普的关心循环以及二者与自我调节的神经纤维之间的关系。

第四章 从"我不配"到"我无愧"

在本章中，我们需要了解自我苛评之心的作用，为自我同情打开一个通道，探索人们为什么嫌弃自己，为什么对伤痛置之不理。

此外，本章还介绍了"大智慧"或渴望的重要性，寻找情感与大智慧之间的关系。冥想指南向我们展开了一条通往与内在苛评对话的道路。本章引入神经系统科学的研究内容，帮助我们理解和辨别左右半球大脑思考的方式。

第五章　焦虑：大部分人都逃不开的仓鼠轮

本章探索焦虑的基本原理，寻找将忧虑转变为动态平静的方式。在这一章中，冥想指南将读者带入忧虑与动态平静初态时期的关系，帮助读者接受所经之事，认可自己的人生，同时学习自我同情的技能。本章所涉及的神经系统科学包括对潘克塞普的情绪循环的学习——焦虑或将带来孤独与恐惧以及了解颅脑的"仓鼠轮"烦恼，即前扣带皮层（anterior cingulate cortex, ACC）相关内容。

第六章　心理阴影：越走不出来越痛苦

在本章中，我们要了解为什么痛苦的记忆都那么历历在目，如何才能穿过时光重新回到经历痛苦时刻的自己，以治愈心灵创伤。令人惊讶的是，那些鲜活的旧时记忆却可以帮助我们更加快速地平复创伤。本章中的冥想指南向我们展现了一段平复旧时创伤的个人经历。本部分所涉及的神经系统科学概念包括杏仁核在人类记忆中所发挥的永恒作用、内隐记忆与外显记忆以及这两个概念对于创伤后应激障碍（post traumatic stress disorder, PTSD）的启示。

第七章　冲突和矛盾：一起面对问题，而不是成为问题的对立面

在本章节中，我们要了解愤怒的益处、人们将愤怒视为消极因素的原因以及将旧的痛苦模式转变为健康的情绪表达的方法。将目前为止所学到的知识进行整合，就能看到每一个冲突的背后都至少有两个方面的因素在相互作用。本章节中的冥想指南将带领我们解锁在怒发冲冠之时愤怒情绪对愤怒对象所造成的影响以及后续如何修复和改善人际关系。本章里，读者可初步认识到交感神经在愤怒情绪下的激活状态以及身体对我们争吵或逃避指示做出的反应。

第八章　安全感：随时准备战斗的人其实最脆弱

在进入本章之前，我们已建立了足够的理解，也培养了一定的韧性，就在本章准备开始迎接情绪之洪流吧。首先，我们先看一下恐惧是如何在神经系统蔓延的，然后将恐惧软化，轻柔安抚。在冥想指南的作用下，我们可以探索营造一个安全之港的方法，从中找到克服持续恐惧的解药，同时也可以梳理一下紊乱的依附情感。本章中新的神经系统科学概念是肠道神经系统，也就是"肠脑"。

第九章　内耗：当意识从身体中"离家出走"

本章中，我们将揭开羞愧心理模式以及分离症[①]症状的神秘面纱，学习如何以细腻温情来抵抗分离症，重拾自我。我们要了解羞愧心理其实也是对探索人类归属感的一种尝试，发现自我感觉的根源以

---

① 暂时而剧烈地改变自己的性格或某种感觉，以期避免情绪苦恼。

及我们与他人之间的相互作用是如何帮助我们了解自我的。在本章中，我们将学习以温和之情抵抗羞愧心理的技巧，冥想指南也将带领有分离症的自体重塑自我。此外，还将进一步探索迷走神经，尤其是背侧神经的复杂性及其"制动"效果。

第十章　人际关系：为什么社交让人这么累

本章中，我们将了解最初期关系的重要性，认识我们父辈与祖辈们的大脑模式是如何支配身体、培养了几代人的自我调节能力并打破情绪失调模式。学习治愈依附旧伤的相关知识，解析具备分化和连接能力的神经系统。冥想指南可解释一种感知，即温暖共同体如何带给我们另一种安全的依附感。镜像神经元将在本章节中登场，本章还将介绍四个依附形式的概况，完善我们对于迷走神经的理解。

第十一章　原生家庭：和等不来道歉的人生和解

本章中，我们将了解在不学习共鸣的情况下，人们是如何以自我厌恶的方式来管理自己的。当我们认识到与自我厌恶打交道的目的时，就开始走向自我同情并质疑野蛮模式下的默认模式网络，采取措施治愈自我厌恶。本章中所涉及的两个冥想指南将带领读者以一个可行的方式去改变对自我的"野蛮行径"，寻找更为轻松的情感依靠。前期所学的共鸣技巧有助于梳理自身紊乱的依附情绪。本章将描述与接纳自我厌恶心理相关的神经系统科学概念。我们通过理解与创伤修复，促使接纳自我的能力得到稳定与扩展。

第十二章　抑郁症：比起吃药更需要被爱

压抑的一个主要构成因素为消极的自我对话。当我们给沮丧的大脑输入温和的自我认可、共鸣以及温暖支持感时，我们就走向了治愈与坚韧的道路。我们将探索自我的两个部分与其他人之间的对话。本章节涉及两个冥想指南，认可压抑的两种主要形式——消极的自我形象及终生孤独，并给予支持。随着学习的深入，我们会发现共情与共鸣的可利用优势。本章所涉及的神经系统科学知识为大脑压抑时的模式。

第十三章　上瘾：三个有效步骤帮你戒除成瘾症

正如同压抑一样，消极的自我对话方式可能会令上瘾行为进一步恶化。在本章，我们将利用前几章所讲述的情绪调节工具和概念，使自己的情绪逐步得到缓解，不再依靠外部物质或活动来进行自我管理。我们已看到了过去几代人的心理创伤对现代人身心的影响。冥想指南中也会引入对渴望的探索，看看在渴望之根源上是否存在情感创伤。我们将利用神经系统科学研究揭示上成瘾症之根源、多巴胺、调节异常和依附循环是如何发挥其各自的作用，接着我们再认识一下伏隔核。

第十四章　我找到了自己，并真正活着

在本章节中，我们将了解与兴奋、高兴与愉悦感共情的重要性。通过对本书及人际神经生物学的学习，我们可以审视我们的人生道路。本章节所涉及的神经系统科学为理解并享受社会参与和迷走神经腹侧通路带来了好处。

附录

自我评估部分的内容可以让自己明白现在身处何种状态及想要努力达到的方向。本附录也可作为在阅读每章节之前对自我审视的提问，在阅读之后作为补充学习和自我意识锻炼的一个工具。

而且，读者可利用"术语表"在阅读本书时对一些专业术语和词汇进行参阅和学习。

本书将作为广大读者的一个假想的心灵伙伴，伴随个体踏上自我关怀与同情之旅，引导我们进行身心舒缓练习与冥想活动，无论您是想独自冥想、练习，抑或是和一个乐于倾听的伙伴、朋友、治疗医师共同参与，甚至以小组形式进行，本书均是您的良师益友。人类不是生来就应该安于沉默，质疑自己是不是太傻，把自己抛向孤独的边缘，而是应该被爱。当你有安全感时，你的状态就是最佳的，此时可试着了解真正的自我、真正的欲望，然后就能够逐渐试着以更轻松的心态理解你周边的人和生活中的一些细微之处。

无论你是如何阅读本书：不论是聆听音频，还是你的眼睛在盯着文字，你都能踏进这个充满安全感与关爱感的冥想海洋。冥想引导为你拓展了一个全力接纳你，帮你理清问题所在，何为明智之事的空间。人们在其大脑中打造了一个舒适的思维环境之后，就可以开始尝试理解自我，与自我共鸣，从而不再因愤怒、焦躁或挫折使自己有羞愧感。

你可以把自己当成最好的朋友，随着本书走进属于自己的治愈之旅，也可以同已经走在治愈道路上的人们结伴同行。欢迎来到本书的治愈世界，迎接你的甜蜜人生。

/ 目　录 /

第一章

为什么我总是觉得自己不够好　　0 0 1

第二章

大脑——情绪的"反应堆"　　0 2 5

第三章

共鸣如何帮助我们，走向更自由和广阔的空间　　0 4 7

第四章

从"我不配"到"我无愧"　　0 6 5

第五章

焦虑：大部分人都逃不开的仓鼠轮　　0 8 9

1

第六章

心理阴影：越走不出来越痛苦　　1 1 5

第七章

冲突和矛盾：一起面对问题，而不是成为问题的对立面　　1 4 3

第八章

安全感：随时准备战斗的人其实最脆弱　　1 6 5

第九章

内耗：当意识从身体中"离家出走"　　1 8 3

第十章

人际关系：为什么社交让人这么累　　2 0 3

第十一章

原生家庭：和等不来道歉的人生和解　　2 2 3

第十二章

抑郁症：比起吃药更需要被爱　　2 5 5

第十三章

上瘾：三个有效步骤帮你戒除成瘾症　　2 7 5

第十四章

我找到了自己，并真正活着　　2 9 3

附录1　自我评估　　3 0 8

附录2　术语表　　3 1 6

致谢与本书的诞生　　3 2 7

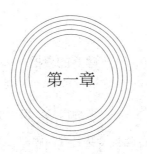

第一章

为什么我总是觉得自己不够好

"面对现实吧！"

"我怎么这么傻？"

"什么时候才能长点脑子？"

（或者，我也许会扪心自问："从现在开始能不能善待自己？"）

不够好的真相

很多人都认为自己有一定的问题，因为他们只相信自己大脑冒出来的反馈，所以觉得自身是有问题的。而且人们在羞于温柔地表达尊重之情时，要么认为是大脑出问题了，要么认为其他人都不正常。

你觉得自己做得太过头了吗？比如说太张扬或太自大。还是你认为自己不够好：过于敏感，不够坚韧，缺乏睿智或太过脆弱？

如果你的想法也是如此，那你是如何应对的呢？尽量不去勾起这些想法，还是身体忙碌起来让大脑中的杂念平静，采用物质疗法或转移注意力从而把这些思绪暂时抛于脑后？

不论你是有此种念头还是对自己持有一些消极的想法，总有一些办法可以净化大脑，让大脑轻松运作。人的大脑实际上是可以为人类带来温情和友爱的，只要我们从点点滴滴做起。本章节将延续前述对共鸣的介绍，并继续展开共鸣的概念被他人或自我深入了解时的感觉。

共鸣技巧 1.0：触及点点滴滴，发现自我温暖

对那些从未经历过什么温情的人们而言，对自我产生情感几乎是不可能实现的假想，因此尽可能把探索之旅变得简单一些很重要。如果我们不企图一下子就喜欢上成年后的自己——身陷内疚和羞愧中的自己，这段探索之旅会轻松点。我们应该从小处着手（有时这样的"小处"可以是那个年幼的自我，而有时又可以是身体中的一个小物质，比如单个细胞），然后尽可能从更多不同的出发点开始，抓住触及自我的点点滴滴，寻找温情。有时候，自我温暖会出其不意地跃入你的大脑，有时候又会出现一些引导模式，帮助你以更轻松的方式把注意力转移到建立自我感性上，抑或是通过一些小故事和开导的话语鼓励你温柔待己，这样你就不用总是孤身奋斗了。

成长与治愈的主要工具：练习大脑冥想指南

本书在讲述成长与治愈方法时涉及的主要工具为大脑冥想指南，且基本上每章节都会介绍一个方法。冥想指南让我们将注意力集中在同时唤醒身体各个部位这一方面上，就像引导我们踏入一个彼此都很陌生的领域一样。

当你走入每一次冥想的时候，首先要通读一下指南中的相关内容，接着闭上双眼，回忆一下冥想指南的整个流程，然后让自己切身感受一下冥想的过程。我个人定期练习所有的冥想方法，所以也建议你可以按照使自我感觉良好的方式，每天抽出一点时间练习。本书所提供的冥想指南中也许会有适合你的练习方式供你选择。留

意一下每个冥想活动是如何影响你的，把这些冥想当作是你心智的良药并且利用它们的药效。如果你觉得这些冥想都不太适合你，那就直接忽视吧，或者读完这本书且对个中概念加深理解之后再重新试一下。冥想看似简单，其实是真正可以帮助你学习和创造深层次的改变的。冥想指南将是第一个助你进入自我温暖关系的通道，赋予你轻松、自我接受及自我接纳之情，也是承诺让身体所有的细胞回归正位——各细胞之间需要"明白"其相互作用的第一个希望。

冥想指南 1.1：呼吸（1~5 分钟）

简短的冥想指南是探索的核心，也是接下来要学到的所有冥想指南的基础。冥想指南其实是一个呼吸方法的练习，可以使我们抓住自我温暖的初升希望之光。

在开始练习这个冥想指南之前，先反复练习一下呼吸方法，你就能更加熟悉与自我的关系了。现在开始轻数你的呼吸，看看忘记自己在数数之前，究竟能数多少次呼吸，然后思考一下其他事情。是什么让你分心而忘记了数数呢？你能分辨出分心时的情绪基调吗？是担忧、焦虑、羞愧吗？如果你停止思考抑或是你阻止日常生活中使你分心的思绪的话，会有情感洪流把你冲走吗？（如果你发现有太多痛苦感情存在，或者当你试图给呼吸计数时觉得无法操作或很无聊，那就告诉自己这个事情是可行的，消除自我疑虑，之所以这样做是因为如果不首先爱自己的话，大脑可能就无法成为一个安逸之处。）

如果你曾在留意呼吸时有过身心愉悦的投入感和放松感，那么就证明你已经踏上了治愈与幸福之旅。

现在，我们将开始真正的冥想指南。试着跟随如下引导步骤，再次呼吸，将注意力调节到自我温暖上。

如果你想闭上双眼静听他人阅读内容，那就这样做吧；如果是自读自听，那就边读边想象。想象一下你的身躯、手肘、脚趾关节、耳垂和躯干，躯干里有吸收氧气的肺，赋予身体生命之源。你是一个呼吸着的生命体，能够感知身体触觉，体内的"呼吸流动"是最鲜活的。静止片刻，闭上双目，你是否能够感受到气息向你涌来，又离你而去。身体的哪个部位能够最为贴切地感受那种气息？是鼻子、嘴巴、喉咙、肺还是肋骨？无论哪个部位对此感知最为强烈，让注意力停留在那儿吧！（如果你有意寻觅注意力，那就数一下呼吸，看看到底你能坚持多久才能让注意力停留在对呼吸的感知上。）

无论你的注意力何时开始游离，都请轻轻地将注意力转移到呼吸上。你往往想要把注意力集中在最为重要的事情上。在初学冥想时，一般认为几乎任何事情都比呼吸更为重要。多亏机敏的注意力才能让你不断地做认为重要的事情，试试看能否把注意力拉回到对呼吸的感知上。

你可能会留意到其他身体上的感觉，比如说不适或疼痛，要明白这是大脑注意力要帮助你的信号，试试看能否把注意力拉回到你的呼吸上来吧。

你周围环境中的声音或变化也可能会带走你的注意力，那么调动你的温情，把注意力重新带回到你的呼吸上吧。

你可能认为自己正在试着做一天的计划。那么轻轻地把注意力放在对呼吸的感觉上吧。也许，你在想表达温情的时候会说："你好，注意力，过得好吗？是不是因为某些看似特别让人忧虑的事而让你分神了？你想不想关爱我，帮助我变得幸福？那么让我们暂且把忧虑抛到一边。我想知道，你现在是否愿意关注我的呼吸？"你可能会注意到语调的变化，把安静、尊重以及深情传递给我们脑中制造的声音。你可能完全不用语言来表达，而是伸出温柔之手，充满深情地轻推一下你的注意力，把它拉回到对你呼吸的关注上。

重复做几次这个注意力和呼吸练习，看看与你之前尝试过的冥想指南方法之间有何异同。

无论你何时在练习中自我感觉良好，都请感谢你的注意力！它让你的关注视野拓展至整个身体，让自我感觉变成自我世界的一部分。你听到了什么声音，你的身体感觉如何，你能感受到双脚触及地面时的感觉吗，你的双手在干什么？当你将注意力完全带回到想要前往的生活方向时，轻轻摇摆身体或晃动身体的某一部分吧。

练习冥想的意义

冥想指南对你而言有何意义？冥想靠近你、温暖你的呼吸时感觉是怎样的？在练习完这条冥想指南之后，你能否善待自己，对自己的情感和关注是否又增加了一点？

或者说，你是否觉得自己练习冥想的方式是"错误"的？人们常常严于律己、宽以待人，当我们以"旁观者"的身份审视大脑时，请向内在的审判者补充他本身的信息及其作为人类的意义，让他能停歇片刻。在第四章中，我们将详细讲述有关驯服内在苛评的探索。

有些人在第一次尝试数呼吸时，甚至默数到二就结束了，即使是只数了一个数，也会对不得不停止数数和大脑内部活动而感到震惊。如果连自己都不待见自己，人生将是一片充满艰难险阻、怪石嶙峋的荒凉之地。人们在了解自我温暖的可能性之前，也许会神经兮兮地练习冥想指南好几年，一边因为发现练习错误而捶胸顿足，一边又不断地重新数呼吸，也许还会数落自己没有全神贯注。

对这样容易自责的人们来说，练习呼吸冥想可能会让他们的心理濒临羞耻、轻视、恐惧、压抑和困惑、崩塌的边缘。直至人们能够真正把其注意力以温暖和柔和之情，以我们已经尝试过的冥想等活动转移到呼吸上时，才能开始这样"一、二、三……"地数呼吸，而不是再次落入自我的陷阱当中。

当人们开始对以柔情待己有了更深刻的感知时，其与大脑内在情感就会随之发生变化，他们开始变得平和、安静，甚至开始关注自我。

我每天都怀揣着一颗对邦尼·巴德诺赫（《了解大脑的治疗师》一书的作者，这本好书将所有概念都引入治愈关系中）的感恩之心而活，感谢其在一次人际大脑科学的讲堂中将我第一次带入类似的呼吸冥想中。呼吸冥想练习所带来的温情使我震撼，改变了旧的自我关系，时至今日，我仍每天练习无数次。

为了培养对大脑内在滋生自我同情之感的理解，有必要了解我们与头骨内部之间的关联。颅脑仅为贯穿整个身体的神经系统的一部分，因此，接下来的这一小节仅是整个探索过程的一部分。

大脑概念 1.1：颅脑的基本构造

早在神经系统科学家对颅脑中不同区域所起的作用所知甚微的

时候，就有科学家已经能够根据各个区域的外形异同将它们区别开来。在16世纪，解剖学家就对大脑的不同区域进行了命名。发明了显微镜之后，圣地亚哥·拉蒙·卡哈尔因用显微镜观察大脑内部结构而受到其构造之美的启发。那时还没有显微照相机，卡哈尔就把所观察到的内容手绘出来，他也因此绘制了上百张精细且准确的大脑细胞（也被称为神经元）排列图。如图1.1所示是他在19世纪晚期时绘制的，但那时科学家们尚未开始探索大脑结构如何帮助我们形成记忆，卡哈尔的手工绘图比科学家们的探索可要领先上百年。早期解剖学家在切割海马体（hippocampus）（希腊语中意为海马）的时候看到的形状就是海马的样子。我们在学习第六章有关记忆方面的知识时将了解与海马体相关内容。

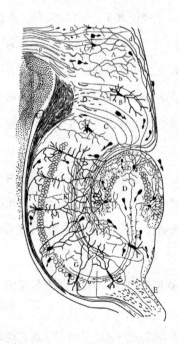

图1.1　圣地亚哥·拉蒙·卡哈尔绘制的人体海马体

随着大脑科学家开始了解大脑的各个区域有什么功能（如语言表达力、视力或记忆力），他们发现所有人体大脑的组织结构都极其相似：一个人大脑中负责演讲的脑区域实际上与另一个人的相应脑区域相差无几。科学家们还发现，一个人的大脑组织环绕方式同另一个人的组织构成非常相似。

这就意味着，如果科学家们给大脑各区域命名，他们会先互相讨论一下大脑的不同区域，分享研究成果，共同建立关于神经系统科学奥秘的知识。因此，他们把大脑分成几个**大脑皮层的叶**（颅脑部分），定名为"脑叶"，脑叶的分类也根据所处位置而定（见图1.2）。

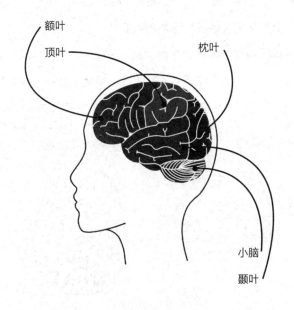

额叶
顶叶
枕叶
小脑
颞叶

图1.2 脑叶

大脑皮层——拉丁语为"皮"（bark）是大脑区域中帮助我们思考的部分。大脑皮层就如同包裹整个大脑的皮肤一样——如果把颅脑比喻成一个核桃，大脑皮层就相当于是覆盖整个白色核桃肉的棕色表皮。大脑皮层（也称为"脑灰质"）和位于大脑皮层之下的深度神经（也称为"脑白质"）连接即是脑叶。**额叶**，之所以这样命名是因为它位于大脑的最前端。科学家们甚至对额叶进行了更详细的分类，比如说脑前额叶（PFC），是指位于脑叶前部，前额正后方位置的部分。（我们将在第二章学到更多关于脑前额叶方面的知识）**颞叶**位于太阳穴内侧。**"大脑顶叶"**中的"顶骨"一词来自拉丁词语"壁"（parietal），指的是房屋的墙壁。**"枕叶"**一词也来自拉丁文"枕骨"（occiput），意指后脑部。**"小脑"**（cerebellum）拉丁文意为"小大脑"，是指位于大脑半球后方的部分。

早期的大脑科学家多为解剖学家，因此习惯于使用解剖学上的术语描述并定位其发现成果（见图1.3），这些描述能够彼此指向，大脑部位更靠近还是远离脑部中线，更靠近还是远离脑前部。

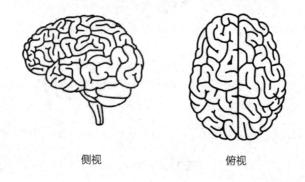

侧视　　　　　　　　俯视

图 1.3　大脑解剖示意图

我们实际上对大脑及思想的认知有多少

我们对大脑及其运作原理是有一定确切了解的。研究人员每天都在收集更多能够证明大脑这个复杂而我们对其所知甚微的结构的数据。仅在我撰写这本书的四年时间里，神经系统科学领域就一直处在被各种新发现及新概念所颠覆的处境中。而每当新发现问世时，我们都会再次陷入所知甚微的尴尬中，比如我们之前所理解的结构实际上是属于许多其他功能范畴的，而我们却将它们视为整个脑部结构的杰作。

这一领域深奥而神秘，一些人将"思想"与"大脑"区分来看，以为思想其实是大脑的映射；其他人则认为"思想"一词意味着它比大脑组织更为强大。我认为大脑是无极限且无法界定的，这点燃了我心中的激荡之情，想要去思索、了解并探究，哪怕大脑会使我陷入困惑。于我而言，"思想"一词将童年的定义一分为二，即想法对应身体，因此，当我谈及人类的想法、意图及决策时我倾向于使用"思想"这一词。我邀请大家一起去探究最适合自身的词语。如果你想要使用"思想"而非"大脑"，那么你将进入更为神秘及惊奇的世界中，所以我建议你使用"思想"这个词语。

本书所讲述的神经系统科学基本上是以最新研究为基础的，但研究情况是会发生变化的，而且在我完成创作，正式出版之前的数月中可能就会产生变化。因此，我在撰写本书时所涉及的概念均是客观公允的，这些概念存在的最重要的目的是让读者了解人类的大脑是相似的，它根据我们的生活经历以及我们用脑的方式而做出相应的行为活动，且行为活动也都是相似的。即使我们有时状态欠佳，也在情理之中。有时大脑也会被误导，但即便如此，它也会尽力来保护我们。

探索大脑之工作原理

现在我们已经知道科学家是如何组织颅脑的构造，也认识到了研究大脑工作原理时的局限性，就让我们一起回到探索上吧。首先，动动脑子来想一下额外的问题：在你的出生地与现居地之间有多少个街区、县、州或国家？

这个问题其实与本书内容无关，我只是想让你开动下脑筋罢了。现在停止思考这个问题，让你的思绪尽情漫游吧，去它想去的地方……那么，下一个念头会是什么呢？是创意点子、社交问题，还是某种担忧，你是否突然想起来忘记做什么事了？

正如我们在本书介绍部分所看到的，如果一个人处于压力之中，大脑可能就会开始处理一个接一个的问题：担忧不可控事件、回忆起本已忘掉的任务和应酬、重新处理事情、演练和计划今后的（某场）会谈、审查债务、评价过去的表现、自言自语、消除怨恨、批评自我与他人、自我反省、承揽罪责或再次陷入羞愧。

假如生活能少一点压力或创伤，我们的大脑也许会思考得中肯些，甚至能愉快些：开个小差，做做白日梦，追忆往事，思考未来，做一下心理模拟，猜猜人们为什么忙碌或者启发你的思维探索更多。

你对哪一种思维模式最为熟悉？当你停止关注外界事物时，大脑又是何种状态？大脑最喜欢采用哪种思维模式来给你的生活增光添彩？我们将在下一章节了解——神经系统科学家近日发现，一旦我们让大脑停止对外界事物的关注，大脑就会自动开启整合生活，管理社交的模式。

大脑概念 1.2：默认模式网络

默认模式网络（DMN）是指人类大脑自动运转，实现：

· 牢记社交活动所需的一切事物。

· 回顾我们以及他人所说之话、所做之事，抑或未尽之话、未尽之事。

· 整合新体验。

· 保持创造力。

当我们不怎么关注外界活动时，大脑默认模式网络则较为活跃。大脑自动生成记忆和想法，并把两者与自我感觉相结合。而且研究表明，默认模式网络在人类中普遍存在，只要人们停止关注外界活动，默认模式网络就会立刻在一两秒内活跃起来，这种情况也可发生在思考代数问题时与仅有一两天大的婴儿那"芝麻大点儿"的大脑中。不过，人类也会有意启动大脑默认状态。当我们有意提取自传体记忆，勾画未来，发挥想象或设身处地为他人着想时，大脑默认状态就会自动弹出。当我们清醒时，就能够意识到这个自发形成的大脑模式即是我们日常生活的映射；即使我们处于麻醉或睡眠状态，这个默认模式网络也会一直存在，陪伴在侧。它仿佛是我们种植仲夏夜之梦的乐园，而当我们在白天忙于日常事务时，它就会改变模式，这也许就是我们从睡梦中醒来时与入睡时感觉会截然不同的原因吧。

科学家们仍在探索默认模式网络的奥秘以及它在哪个脑区最为活跃。最为重要的是，我们用于实现自我整合和人际交往功能的脑区与用以关注完成外界事物的脑区截然不同。举例来说，我们在学习一项新任务时，大脑默认状态就会暂时"休眠"，集中注意力则"登场"，随着这项新任务在脑中形成自动运转，大脑默认状态则会"苏醒"，变得活跃起来。

我们可以通过许多不同方式来关注我们的颅脑，每种方式都反映了不同的思维模式。如图 1.4 所示，7 个不同的主要网络，象征着大脑运转的 7 种不同的主要方式，这都取决于我们当时正在做的事。在图 1.4 中下方的最后一个图为默认模式网络。注意一下默认模式网络与其他大脑运转方式之间有何不同。

让我们再来看一下图 1.4 中的大脑功能网络。除此之外，**背侧注意网络（DAN）**，这个网络近乎完全改变了默认模式网络的方向——当我们尝试或吸取新鲜事物之时，背侧注意网络就会开始活跃，就像是打电子游戏一样。也许是因为电子游戏能够完全关掉默认模式网络，所以才会这么受欢迎。

默认模式网络使用的脑区名字（如果这些脑区名字让你看着就很是费解，那就跳过本节内容吧）如下——你可以从讲解大脑解剖的章节中辨认出这些定向词及区域：

·**内侧前额叶皮质**负责回顾性、前瞻性记忆以及关爱他人。

·**背内侧前额叶**（近大脑中线，从前额方向上方和后方移动）

的功能是构思自我人生，帮助我们在社会交往的篇章中回顾过去，珍惜当下，放眼未来。

·**腹内侧前额叶皮层**（近大脑中线，从背侧－腹侧线下移和前移）的功能是连接身体与情绪意识，帮助管控情绪（第六章中有更多有关该脑区的描述）。

·**楔前叶**（该词在拉丁语中是指楔形的前端，近顶叶后部）的功能是维持自己大脑的记忆和反应并追踪他人的行为。

·**顶叶皮层**的功能是全面的自我认知和自我追踪。

·**内侧颞叶**的功能是记忆。

·**后扣带回**（包裹在脑内皮质的带状点后部）负责整合所有事物。

·**前扣带皮层（ACC）**（位于后扣带回前部）负责整合情绪和思想（有些研究人员把回皮层视为默认模式网络的一部分）。

注意，"内侧"（medial）一词是指靠近大脑中线，也就是两个大脑半球交汇的位置。这个脑内中线区掌管许多脑功能区，可以让我们认知自我、了解自我，因此默认模式网络似乎是借助该功能区，管控社交记忆。（我尚未在图1.4中活跃的默认格式网络上添加这些功能区的名字，因为这些名字都较为琐碎，而图表展示内容有限，无法逐一添入；图表中未能详尽介绍不同研究人员命名的不同默认模式网络区域。）

人类社会是一个极其特殊的复杂体，当我们开始了解默认模式网络始终在帮助我们立足于社会，这简直是一件令人兴奋的事。不过，记忆不仅仅有助于我们记住事物；默认模式网络似乎还能利用大脑记忆来预测未来之事、人类潜在目的或想法，以此帮助人类跟随社

大脑功能网络

aa. 看世界　　　　aa. 做决定、行动　　　　dd. 发现重要性

aa. 腹侧注意　　　　cc. 倾听　　　　aa. 感知与移动

默认状态包括但不局限于
如下相关领域：

· 内侧前额叶皮质

· 背侧前额叶

· 楔前叶

· 顶叶皮层

· 内侧颞叶

· 后扣带皮层

bb. 默认状态

图1.4　包括默认模式网络在内的主要大脑功能网络

（不同类型的网络前的两个字母代表视觉切片来自大脑的哪个平面。）

参考：
马库斯·E·雷歇尔 2015
躁动的大脑：
内在活动如何组织大脑功能

会趋势，协同发展。

一些外部因素，如焦虑（在第五章时谈及）、创伤（第六章）以及压抑（第十二章）等都会改变默认模式网络与关注外界事物时的大脑之间互动的方式。此外，随着人类年龄的增长，我们对外界事物的思考与默认模式网络之间的界限也会变得越来越模糊，这可能是指老年人的过去经历有能力对当下生活形成影响。

"痛苦不堪"的默认状态：野蛮行径

正常状态下的默认模式网络能够帮助大脑整合生活经历，这一点需要其各个网络区域相互连接、互相作用。当默认模式网络各区域之间的彼此连接被破坏（受创伤、焦虑、压抑或破坏大脑连接功能和神经递质功能的其他疾病影响）时，大脑会在每次想要平息时，启动"消极"模式并产生自我抑制性想法。换句话说，根据人们与他人之间所发生的早期经历以及人们所承受的创伤程度，默认模式网络可自动默认自责与自虐模式，而不是形成中立思想。这就意味着，人们可能会习惯于盲目徘徊，不断进行自我打击和折磨，甚至于连丝毫的喘息（或者毫无意识地怪罪他人）都没有。如果人们自我感觉糟糕，那么这种情绪基调会扩散至整个大脑自体思想，就像一把闪现在黑暗中的小刀一样，无时无刻不迫使人们下意识地停止行为活动。

"野蛮"的默认模式网络运转过程中最大的问题就是互连性。（通常情况下）某个大脑区域需要与默认模式网络正确相接，这就是被称为**"额下回"**（见图1.5）的脑前部。默认模式网络与额下回之间的连接可能是消极想法与对生活和自我感觉的诠释之间关联的原因。

额下回的作用在于评估正在发生之事有何意义，当一切运转良好时，它能协助大脑保持冷静。

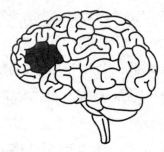

■ 额下回

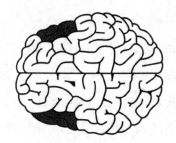

图1.5　额下回

让一个人硬挺过来的情感创伤越多，默认模式网络就越可能变得"有毒"。正如我们将在本书中学到的，为人类（及其他哺乳动物）带来最佳安康状态的情感支持是一种温暖的，有反馈、有共鸣的滋养。尤其是当一个人在困难或痛苦之事发生时所受到的关怀越少，在未来很长一段时间内他所能经历的幸福就越少。当人们因他人而受到伤害（所有类型的虐待和无视时），大脑就会显示出伤害对身体所造成的影响。

一部分对身体的影响表现在默认模式网络中不同区域的连接异

常上，一部分则表现在默认模式网络与大脑其他脑区连接的方式上。这些异常连接都是加剧抑郁、恶化焦虑的助燃器以及诊断部分或全部心理健康疾病的标准。当默认模式网络变得狂躁野蛮时，会加深人的忧愁感或使其确诊的心理障碍变得更加严重。这种狂躁的默认状态将人们推向自我贬低、苛求他人、痛苦无助和生无可恋的绝望边缘。人们深陷自我厌恶的夹缝中时，根本就不相信别人对自己的关心，因此也就无法回到重建人际关系的环境中，变得愈发孤立无援。改变人们自我交流方式的基调是让世界变得更加美好的基本要素。

正如前言中所述，无论是自我厌烦、无可厚非的好奇心，还是远离内心想法，管理默认模式网络都会形成一种驱动力——人们把自己关在房间里，静想 15 分钟，能够给予自己少许电流刺激而非只是呆坐无为的驱动力。在现实世界中存在的纷扰及社交媒体之洪流，有可能帮助我们在大脑平静下来时管理猝然出现的有创伤性的、带有恶意的自我交谈，所有这些均可发生在意识觉察层次下。这就是为什么我们要了解、辨识和命名"狂躁"期默认模式网络的原因。人们可能会让自己忙碌起来、一边开车一边发信息、整个人呆若木鸡、玩游戏、抽烟（这样也有可能使默认模式网络完全停止），又或者由于其他成瘾症或强迫症的存在，以至于他们压根没意识到自己在残酷地自我鉴定，这些行为都会让默认模式网络变得"沉默"。

另一方面，如果人们从小在给予心灵回应、温暖人心的父母身边成长，没有遭受任何心理创伤，他们的默认模式网络（对绝大多数人来说几乎是难以想象的）可能会产生积极或备受鼓舞的基调。默认模式网络似乎对人们的心理健康发挥着至关重要的影响，以至于一些研究人员甚至想要让默认模式网络在**功能性磁共振成像**中发挥作用以衡量幸福。

我们整合自我同情（能够以温柔和接纳之心对待自己和他人）时所经历的生活与我们受制于狂躁的默认模式网络时所遭受的生活截然不同。对那些在原生家庭中生活不太幸运、需要治愈狂躁的默认模式网络的人们来说，是否有什么能够帮助他们感觉舒适，让他们学会自我包容的方法？下面有一些具体步骤可供参考，你可以让自己从感觉良好的那一步开始练习。

· 开始练习能够产生自我温暖之感且具有可操作性的冥想。

· 了解能够以自我同情之心看待自己，能够认知野蛮模式下的默认模式网络的大脑。

· 学习共鸣语言，让自我共鸣成为新的默认模式网络，以无限的温情发言表达，从理解的角度认识自我。

· 培养身体意识，这样可以增强整个身体与大脑的连接协调性，甚至会提高内心的幸福感。

· 治愈创伤，给默认模式网络解毒，这有助于将社会沉思的基调从"灭绝自我"转变为同情自我。

· 阅读科幻小说及文学作品，这有助于我们培养心智理论，整合默认模式网络。

· 活跃在舞台上，同大家一起大声朗读剧本，这也可以提高一个人的心智。

作为一个附加福利，身体意识与创伤治愈能够减少创伤后应激障碍（PTSD）——个体经历创伤性事件之后大脑难以恢复而出现的精神障碍，包括事件的侵入式记忆或分离性失忆、持续的负面情绪。

前5个步骤都可以在本书中得到论证支持，且阅读本书的人也可以练习这些步骤。当我梳理自己的研究之时，最后两个步骤着实让我惊喜，因此我将它们收录在此，期望读者也能从中受益。

令人惊讶的是，先抛开冥想的内在关注点不说，冥想实际上与默认模式网络（发挥的作用）不同，它在某种程度上能够镇静、缓和并整合默认模式网络。长期坚持冥想的人们的大脑对自我批评与自我表扬（他们变得更不被动）所做出回应的方式发生了一些物理变化，而且在默认模式网络上产生的变化让默认状态变得更加高效、更加融合，且在功能性磁共振成像中也能清晰显现出来。本章中所讲述的冥想指南（第一个除外）并非传统意义上的正念冥想，主要关注呼吸方法及对当下的接纳。其余部分的冥想指南意在让读者对自己的情感经历进行命名，在大脑内播撒温暖陪伴之感的种子。

虽然有时正念冥想可以整合大脑，但是冥想网络以及默认模式网络之间仍然泾渭分明，这点可以解释一个人为什么在经过长达数十年之久的正念冥想练习之后，仍然挡不住在大脑受到冲击时出来捣乱的狂躁的默认模式网络，展现了注意大脑的这些方面有助于治愈一个"有毒"默认模式网络的重要性。本冥想指南提供了改变默认模式网络基调的焦点工具，支持培养个性温和的正念练习方法。

即使你内心认为关爱自我很自私，但为了说服自己坚持读下去，考虑一下这些吧：跟一个野蛮模式下的默认模式网络"朝夕相处"、不断遭受攻击意味着你可能已经患上创伤后应激障碍。研究人员开始利用功能性磁共振成像技术观察我们给焦虑下的不同定义，包括一般性焦虑、社交焦虑、创伤后应激、强迫性神经失调、恐慌，每个病症都能够侵蚀我们的默认模式网络，把我们拖入艰难时期。

无论一个人的默认模式网络遭受的是哪种病症的野蛮践踏，都会对**皮质醇**（当人感到压力时，大脑与身体协同运转，调动物质维持正常的生理机能；而当压力释放时就自动关闭压力响应机制）水平、焦虑倾向、压抑倾向、身体疲惫状态与缺乏抵抗力的免疫系统造成一定的负面影响。

这些负面影响可能让你难以理解，但要记住的是，走向温和情绪的每一步都能够让自己向幸福更近一步。为了让自我同情的旗帜更鲜明一些，当我们能做到以下列举的事，就能感受到默认模式网络基调在向好的方面转变：

· 明白为什么要做某事。

· 释放自我怨恨情绪。

· 认知野蛮模式下的默认模式网络。

· 停下脚步，以一颗同情之心倾听默认状态的声音。

· 治愈我们受伤的心灵。

· 越加注重现实，开启分离的生存战略模式。

· 从那些令人恼火、愤怒的事，坏脾气、路怒症中解脱出来，并学会成长，以保持心态平和，增强韧性。

· 走出疲惫、困倦或失眠的困扰，休息、放松，让自己恢复活力。

· 从看轻自己、不尊重自己中摆脱出来，逐渐走向对自己有信心，完全信任自己。

· 不要害怕独处，学会享受一个人的时光。

· 远离羞愧，回归自我。

· 甩掉自我憎恶，开始享受自己生来如此的模样。

·感受恐慌的侵袭，减少恐惧感，告诉自己这个世界很安全。

·摆脱妒忌，培养自我满足及身心愉悦。

·做出让自己幸福的选择吧：挑选健康有营养的食品、品尝解渴的饮料、生活在安逸的环境、和舒心的友人碰面、做些有意义的活动和足以维持生计的工作、充分享受娱乐时光……

不管你信不信，在不远的将来，当你听到内心的声音批评你"你真是蠢得一塌糊涂"时，你不感到惭愧反而会反击："难道你真的想为我在世上所谓的成功做出贡献吗？"

一旦自我温暖的方式进入我们的系统，我们可以舒缓身心，之前那些自动冒出来的消极情绪就会改变。此时，我们可以开始创造自我的温暖绿地，身心随之放松，向生活展示真我，充满生机。当我们能够净化内心的声音，就能培养出开放的经历，这也意味着我们会变得富于想象、具有创造力和抽象思维，这会让我们的默认模式网络得以良好运转。

最重要的一点：要记住我们的目的——当我们感受到关怀与温暖时，大脑和身体会变得更健康；而当我们感受不到关爱时，大脑好好运转的可能性就会下降。但是如果这世上没有一个人能够温柔待己的话，那就没有示范模板了，我们无从学起，而这也正是编写本书的目的。无论我们年纪如何，都可以在同情他人的同时自我同情；跟随着通往冥想之旅的列车，把自我送回到关怀的港湾吧！

现在，我们对于本章的体验式学习之旅已抵达彼岸，第二章将带领我们学习如何共鸣，了解为什么共鸣——让别人深刻且真实地了解我们——改变自我。第二章还将描述自带警示和自我反馈功能的大脑结构的某些"寓意"。

第二章

大脑——情绪的"反应堆"

"我反应过度了"或"我太敏感了"

（事实上，"自我共鸣可以持续给予支持、冷静及平衡"）

温暖：我们身体与心灵的毕生追求

静息片刻，想象一下你正依偎在书堆，全身心感受包容与接纳之情将你紧紧抱住……你会感到惊讶吗？你能想象得出这种场景吗，哪怕一个简单的心跳？我们偶尔会因之前无法感受到的温暖而惊讶。

当我们谈及情感平衡时，为什么说寻找温暖无比重要呢？那是因为培养起孩子们沉稳与坚韧品质依靠的是父母的理解、积极的回应以及共同生活的环境。当我们有一定的归属感与物质感时，一切事物都会变得容易，我们在环境中放松自己，泰然自若，向自己与他人敞开甜蜜的好奇心。

温暖让生活变得更加惬意。当我们把自我共鸣整合作为一种退路时，无须再依靠其他支持或物质来关怀自我，也不需要用巧克力、红酒或波旁威士忌来医治伤痛。当我们在度过一段艰难时刻之后重新找回情感平衡时——不需要任何物质或某种行为，我们也能治愈自己，不再伤害自己或他人——我们常常感觉好多了，也可以做出坚定、有理有据的决定。让我们开始这场回归情感平衡的颅脑结构学习之旅吧。

大脑概念 2.1：手掌心中的大脑——大脑之旅

以胳膊和手为模型，其余四指抱住大拇指然后攥紧拳头（见图 2.1），通过这样的方式能够感知大脑。此处，前臂代表脊柱，掌心代表脑干（负责身体器官自动运转的脑区，如呼吸、调节体温及心律等）。大拇指代表**大脑边缘系统**——位于颅脑深处的一个脑区，主要功能是影响或产生情绪、参与记忆活动、产生联系以及留意危险（包括随后会提到的对我们很重要的杏仁核及海马体）。大脑边缘系统被紧紧包围在脑中心部。其余手指表示隆块——当我们想起颅脑时常在脑海中浮现出的隆块，其表面被称为皮层（能够诠释我们的世界，储存汇集为记忆的所有的情感与认知，制定计划，负责创造、感知，协调我们的身体移动）。

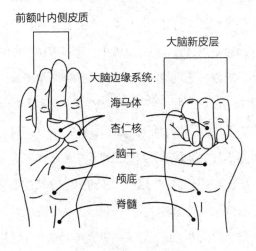

图 2.1　手掌心中的"大脑"

（**丹尼尔·西格尔　注**）

大脑边缘系统位于大脑中心深处，但令人迷惑的是，它也是接受所有外来事物和信号的大门。所有的感觉（来自内心世界）和认知（来自外界）通过大脑边缘系统进入大脑。我们将其称为"杏仁核"的部位就是情绪大脑之星。杏仁核掌管情绪及非意识并过滤所有进入大脑的信息，能够自动分拣出当天的经历以识别出与以往经历中的困难或危险情况相似的部分，当发现可疑相似情况时，便会拉响身体情绪警报。当一个人处于清醒状态时，杏仁核参与带能量的完整脑电波输出——每秒出现 12 ~ 100 次；面临困难、危险时，一般情况下人会反复这样问："我安全吗？我有问题吗？"

杏仁核在经历与情绪的重要性之间进行粗略的匹配。举例来说，如果一个人在儿时感觉到使用须后水的某个叔叔比较可疑，那么这个人可能在回想的瞬间就会进入戒备状态，即使这个叔叔已经去世几十年了。或者，如果一个人看到一只手向她伸过来，只是想要友好地碰拳，但她曾经遭受过身体虐待，那么她很可能不会接受这个友善之举，而会心生畏惧。每当脑海中浮现出曾经有过的危险经历或察觉到当前有潜在危险时，杏仁核都会响起情绪警报，不过杏仁核也有积极的一面：如果一个人看到某个人的侧影，脑海中浮现出他所敬爱的老师，这时他的身体就会放松下来。

一个人自小从父母那里得到的温暖和关爱越多，从前额皮层到杏仁核之间的联系也就越紧密，这个人的消极应激反应也就会减少。一个人硬挺过来的创伤越多，获得的情绪支持也就越少，杏仁核也就随之成为更大的主导力量，让更多更强劲的能量与信息之洪流从杏仁核涌向前额皮质这一完全相反的方向。这就意味着，一个有过创伤的人反应会更加激烈。对他们而言，杏仁核每次响起警报时，自己都需要弄明白应该如何应对杏仁核对世界激进的、下意识的反应——他们的反应既强烈又具有说服力。有时，人们不管摆在他们眼前的外部证据，只相信自己脑海中的警报。（比如说，一个人可能永远不会相信他的配偶是忠诚的，即使配偶发誓对婚姻忠贞不渝。）不过，有时无论外界发生什么事情，人们都不愿意相信自身的情绪警报。（比如说，这些人可能盲目地坚持一种行动，即使他们不断地接到"有危险"的情绪警报，包括跟一个有可能强迫别人发生性关系的人一起外出。）当然，以上两种情况都不是理想状态。最佳的选择是当一个人能够利用大脑的思维脑区，也就是皮质，来倾听杏仁核所发出的声音及直觉后，做最佳决策，对所有的证据、事实与情绪进行统筹考虑。

安西娅的故事

某天下午，在女子监狱，一个名为安西娅的女人，在一个为期20周的课程中连续10周保持沉默寡言的人，这次突然举起了手说："我想告诉您昨天发生了什么事，我已经在此监狱服刑20年了，有6次不同的心理健康诊断，也参加过10次愤怒控制讲座，但对自我调节方面而言，毫无效果。就在昨天我和狱警在一起时，她惹怒了我，我真的很想揍她一顿，换作以前，我早就暴打她了，但那时我想到您曾经站到讲台上谈及大脑，并交替张合双手，向我们展示愤怒之时会出现什么样的情况。虽然我不清楚哪种方式是正确的，是应该张开手还是合上手，但在我生命里，我头一次抑制住了想打一个人的冲动。"

丹尼尔·西格尔是一名综合研究学者，他创立了一门新的学科——人际神经生物学，提出了一种用双手向其读者展示大脑的可行方法。如今，世界各地的人，包括我在监狱讲解大脑与语言相关讲座时听课的上千名服刑人员都在用这种比喻模型。他们中的许多人告诉我，他们在出入监狱大厅时将手指包裹在大拇指上，像这样张合手指来帮助他们牢记自我调节。

大脑概念 2.2：自我调节

让我们回顾一下图 2.1，看一下手指是如何包裹大拇指的，该手势代表杏仁核，也就是大脑边缘系统的一部分。当合上手指时，食指与中指指垫可以轻易地触碰到大拇指。该脑区（在手中由手指的前两个关节代表）就是前额皮质。当前额皮质支持并调节杏仁核时，人们就能够对自己的恐惧、愤怒以及担忧情绪做出反应，这种反应可以是灵活的，带有关爱与共鸣之情，具有同情的响应能力。这就是以大脑为基础的，对一种新兴且友善的概念的定义，即**"自我调节"**（见图 2.2）。用常见的语言定义就是：能够产生控制身体机能、管理强大情绪及维持注意力与集中力的能力。

与之相对，我们可以把所有用以回应压力的策略称为**"自我调节"**，包括控制自我、他人与环境，自我批评甚至自我厌恶（我们将在第十一章进行学习）。特别是成瘾症与强迫症可以用于避免默认模式网络造成的"野蛮"静息状态或思维模式。可将这些回应压力策略的失败称为**"调节异常"**。调节异常出现在人们乱发脾气、行为暴虐或不得不忍受创伤后应激障碍影响的情况下。正如上一章节所提及的那样,当默认模式网络开始攻击自体,使自我感觉改变时,创伤后应激障碍以及其侵入式记忆就成为将大脑推向狂躁及痛苦深渊的始作俑者。

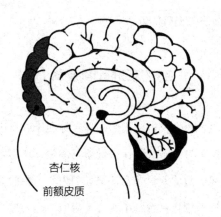

杏仁核

前额皮质

图 2.2 自我调节:前额皮质与杏仁核

即使自我调节是从"自我"这个词的本义开始,但这也并不代表我们需要自始至终独自完成这件事。自我调节与自我管理是基于我们的守护者对待自己的方式所采取的关爱自己的不同策略。以科学术语来说,自我调节一般是内在化的协同调节,源于健康的人际关系。同理,调节异常也是如此——人们因不良人际关系而形成了不良的调节机制。随着生活不断跨越创伤,杏仁核不再对实际的威胁而是对内心的声音产生回应,并把它们视为威胁,这是野蛮的默认模式网络下循环压力的一部分。

在自我调节的条件下,某人以某种方法在某地给我们带来已知的感觉、言之有理的事物, 让我们可以依靠。但正如我们所了解的, 不是每个人都有机会被温暖拥抱, 所以人们可以把温暖藏入心底, 让它与我们如影相随。对于我们这些没有把最初人际关系中产生的温暖带入心底的人们, 当务之急就是让温暖流入心田。当我们学会软化静息状态下默认模式网络的野蛮思想时, 整个大脑将安静下来。让我们学会更多自我温暖的方法吧。

自我响应的前额皮质

研究员摩西·西夫说过, 我们的母亲存在于前额皮质的每个细胞中。也就是说, 为了长久地保持健康与幸福, 从小跟随有过创伤经历的母亲一起生活的人, 有责任把他们内心原始的受伤的母亲转变成温情、善解人意且愿意给予共鸣的母亲。这个想法的棘手之处在于, 它需要学习如何向内转化温暖和共鸣。这看似不易, 实际上也是可以做到的, 这是通往幸福及大脑健康的关键。令人高兴的是, 大脑似乎总是在寻找能帮助自己朝更好运转方向发展的事物。因此, 如果可以找到一个有存在可能性的模型或参考——能让温暖、充满理解与共鸣的母亲的声音存在于现实, 将有助于我们的行动和写作。

关于"母亲"性别的小记: 研究表明, 不管父母的性别如何, 作为"母亲"——也可能是男性——而他们存在的首要职能是与子女建立一定的人际关系。作为"父亲"——也有可能是女性, 第二职能便是建立子女对与这个世界之间关系的期望。

换言之，在任何有益的经历中——接受共鸣、他人以温暖的好奇心与我们合拍、给予我们被理解的感觉，我们都能更好地了解自己。每当这种时候，我们就可以创造记忆，感受我们培养情绪感知时的记忆究竟是怎样的。（你可以紧紧地用其他手指握住大拇指，体验一下吧！）这样做能够提高我们自我调节与自我同情的能力，改变默认模式网络的消极想法。

前额皮质占据了脑区的绝大部分位置，除了有掌控自我管理、决策与计划、抽象思维以及解决问题的能力等，还以多种方式培养人类的博爱之心。前额皮质帮助我们吸取本书中有用的知识，引导我们探索新的可能。

一起看一下自我调节的工具和技能吧，这些都有助于我们培养自我温暖和自我回应，如果儿时缺乏这些情感，那就让我们现在着手培养吧。研究员马修·利伯曼发现，大脑能够以三种主要方式找回情感平衡：

（1）辨认我们的感觉（**情绪词命名**）。

（2）换一种角度思考问题（**重构**）。

（3）思考其他事情而非烦扰之事（**分心**）。

另一位研究员詹姆斯·科恩已经在大脑如何平复的难题上又添加了一笔：

我们能够感觉到现实中真实存在或者假想出的一个人的关心（**陪伴**）。

下面是对每个自我调节方法的简要描述。

情绪词命名

如果你怀疑谈论情绪是否对自己有所帮助，那就证明你已经有一个值得相处的好伙伴了。研究表明，大多数人不相信仅凭在情绪上套用语言就能起什么作用，即使是功能性磁共振成像已表明情绪词冠名这一方法奏效，人们还是不相信单凭这样就可以扭转乾坤。这也许是因为许多人都把注意力投向自身情绪或身体来应对事情，而且给情绪词命名这件事也让他们很陌生，让他们感觉不自在。不过情绪词命名的经历可不仅仅是让我们平静下来这么简单。当其他对我们关怀备至的人这样帮助我们时，无论他年纪多大，我们都能够与之建立温暖信任的关系。在内心编织这样的关系网（把温暖与信任的关系输入我们的大脑并留存记忆）能让人们更多感受到这个世界的安全感。这样做可以长期收获意外的好处，包括提高人体免疫系统功能，增加人生的意义和目标感，增强人们面对创伤、压抑、创伤后压力以及与他人和自我关系时的韧性。

所以，如果谈论情绪是有帮助的，人们为何不这样做呢？理由是人们把大脑中负责倾诉身体对外界所产生的情绪反应的功能区给关闭了。如果一个人的颅脑没有办法对来自"身体大脑"发出的信息做出任何回应（比如说，因激烈情绪而产生的炽烈、沸腾、痉挛及扭曲的感觉从来没有得到认知，或者这些不变的情绪每一个都感觉像是一个贪吃鬼对美食的欲望），那么这个人可能需要学会忽略"身体大脑"。换言之，如果把情绪比作成一场通向无法承受也无法治愈的地狱之旅的话，那么关闭身体感受能帮助人们掌控自己的情绪世界，拯救面对身体发生事情而不知所措的人们。不过情绪与身体的连接可能会令人一时无法接受，所以我们要慢慢来，要意识到对这个信息的了解看似简单也没有什么情绪，却能唤醒并且再次刺激陈旧创伤。

如果你发现事实的确如此，那就先放松脚步。如果我们动作足够缓慢，就可以在培养共鸣能力的同时，平复我们唤醒身体之声时所发出的回应。

抓住完整的情绪经历是很重要的。在我给情绪词命名的过程中，如果我只掌握了情绪经历的一部分而非全部，就会无法放松情绪。有研究结果已经证明了部分情况并且表明：我们可以区分用来命名情绪的词语，我们因这些用词是否符合经历而受影响。当正确的用语匹配上正确的情绪，且杏仁核中的活动也减少的时候，身体其余部分会得到放松，压力也会得到缓解。美国身心医学创始人、哈佛研究员赫伯特·本森关于松弛反应的研究表明，当我们接触爱情、关心、柔软、探险、正直、玩耍及支持（我们将在第三章中进行更详细的探讨）等代表"大思想"这类词汇时，额外的松弛反应就会出现。

即使仅关注身体信息能让人受益终生，但想要在这个快节奏的社会中找到这样做的支持和喘息空间也是件难事。抓住机会阅读吧，把它当作一个提示器，提醒你放慢脚步，走进自我连接的世界。

给内心经验写上只言片语也是一种有效的方法。当人们无法读懂身体发出的信息时，就处于一种科学家称为**"述情障碍"**或体觉盲目的症状中。你是否曾遇到过深陷过度疲乏且愤怒却不自知的人？

他们可能压根就没留意到自己的心率在加快，腹部紧绷不堪或眉头紧锁的样子。他们很难察觉自己的情绪状态，更不用说让他们倾诉心声了。当人们无法表述自己的感受时，治愈也就无从谈起。体觉盲目的人在免疫系统上会出现持续增长的压力，人际关系方面会更加艰难；且体觉盲目与抑郁症之间也存在着一定的联系。不仅如此，患有述情障碍的人还会遭受创伤后压力的痛苦，一些研究结果甚至表明患有这种障碍的人寿命较短。

归根结底，培养给情绪词命名的意识行为是一种最甜蜜、最有违直觉的自我调节形式（大脑自体关怀，无需任何外显行为或物质，这与利用成瘾症等变通方法实施自我管理是不同的）。我们在给情绪词命名的时候施以温柔的感情色彩，就可以培养前额皮质与杏仁核之间的母系关系，在这种坚韧纽带中维系的"孩子"就可以轻松地接受母系关怀。随着人们开始对情绪词命名，渐渐就学会了通过情绪经历与自己心灵相伴，不断支持自己，增强免疫系统。

重构

人们每次在改变自身看待问题或事件的观点时都会进行重构。比如，如果一个女司机在高速公路上开车行驶时被其他超速行驶的"飞车"给逼停了，她也许会想象一下这个人到底是有什么紧急情况才那么"不要命"——是要赶紧把病人送医院还是刚从学校接着生病的孩子，这样想的话她原本的愤怒就会烟消云散。

重构的另一个用途就是转变看待未来的方式。当人们回忆起曾受过的伤痛，当下没有必要再耿耿于怀或恐惧不已的时候，就是转变这种视野的时候。（通过情绪词命名和陪伴之情结合来提醒自己什么才是真实的，并由此进行重构；如后文所述）当这一切都自然发生时，人们明白旧的大脑模式会开始发生转变。观点的转变常常让人们在释放怨恨或冲击后，回归平静港湾。

当人们开始认为看到的大脑仅仅是"大脑"而已时，重构也就开始了。当看到人类大脑与动物大脑之间有着种种相似时，人们渐渐注意到，之前没有明显联系的结构实际上存在着一定的内在联系，随之开始欣赏赖以生存的这种"美妙的约束"。人类是由一张神经网络编织出的奇迹，具有无限的可能性。因此，人们不但可以因人性而忧伤，也可以孕育出博爱之心，找到属于自己的神经可塑性——改变与成长的能力。

与其说重构是一种自我管理，倒不如说是自我调节，这样说是因为重构也是大脑以其自有资源进行运转的过程。人们以自身的精神、品质以及世界观为参照物，在充斥着情感与伦理、布满荆棘的人生道路上寻找出路。给自我温暖"镀个金"吧，让它成为重构支持情感与共鸣神经纤维增长的方式，潜移默化地改变我们的人生。

分心

另一个让人们恢复平静的方式是分散注意力——把视线或想法从已发生的事情中转移出来，一般需要刻意考虑其他事情才能成功分散注意力。人们会想起爱自己的人、生命中的快乐时光、重新召开的运动会或重温的电影情节，祷告、冥想、勾画美景甚至是假日计划。

分心，作为不依赖外部作用的一种大脑内部运作，也是自我调节（而非自我管理）的另一种方式。当我们以自我温暖等方式——就像是给自己挑选礼物似的，选择能平复和安慰自己的活动时，就意味着能够带来长期幸福的情感与共鸣神经纤维开始增长了。

陪伴

无人照看的留守儿童，他们基本上同外界没有什么交集，仅有一些食物和住处；由于饱受饥饿之苦，在 5 岁时，他们的大脑重量要比那些备受关怀、有人相伴的同龄孩子的大脑稍轻。

詹姆斯·科恩的研究显示，当我们有人相伴时，内心便能感受到山路不再那么陡峭崎岖，痛苦也不再那么强烈。我们要明白人在社会交往中的意义有多么深奥。当有人相伴时，杏仁核这个大脑警报中心就能沉心静气。当我们感到有人支持时，皮质醇和压力水平就会下降，我们的痛苦会随之减少，工作也会变得轻松。人类的整个大脑－身体是为了记住那些始终鼎力扶持自己的人而运作的，人类不是生来就注定形单影只的。

相知相伴要比压力、创伤、打击及悲情等其他任何事都重要。当我们萌生可以依靠他人以求关爱和依赖之感觉时，就把这种情感输入到大脑中吧，他人的关心可以融入前额皮质与杏仁核之间的关系网中，作为自我调节"蓝图"的一部分。

"人类是痛苦和怀疑的源泉"，这句话多少有点诡异，但这也是在大脑－身体的整个结构中得到印证的。"安全"与"威胁"之感是复杂的神经网络所具有的不同形态，这个复杂体包括大脑以及延伸至整个身体的部分神经系统。当整个大脑－身体面对危险严阵以待时，杏仁核改变传达信息的大脑化学物质流，为这个复杂体应援。整个警报过程可能有条不紊，也可能会方寸大乱，其结果视前额皮质与杏仁核之间的联系而定，而这两者之间的联系则取决于一个人的生活经历、记忆和技能。在一些人的观念中，人际关系被定义为危险的，甚至是影响生存的，这跟个人所获取或尚未获取的生活经历、记忆和技能相关。当一个人的经历一直都是消极的，他可能会自动拒绝别人的示好，认为这不值得一信。与这种人生假设相反，实际上人与人之间是相互爱护、相互鼓励，想要互相陪伴并且对赠与的礼物怀揣感激之情的。然而，当我们把所有的关系都编码为"危险关系"时，我们甚至无法设想我们也可以是被爱着的。

是啊！"金无足赤，人无完人"，人与人之间总是矛盾重重；当需要某人陪伴在侧时，他却突然消失得无影无踪；某人口口声声说要为我们做什么事情，却忘于脑后或者不知道要怎么做，不能依我们（或他们）所愿行事。在这种情况下，如果我们草率行事，就有可能与他人以及其本有的温情和关爱"一刀两断"，也就不能把这些情感融入内心，成为情绪网络中的一部分（这也是有意寻求他人陪伴的一部分）。我们需要主动敞开心扉，拥抱现实生活中的人际关系，让自己感受被爱，而不能奢求与人相伴之路尽善尽美。

问一下自己是否愿意被爱，是否愿意投入他人给予的温暖、爱慕以及承诺之怀抱，尽管他们可能存在这样那样的缺点，比如说靠不住或陷入创伤后容易无法自拔。这可不是要你受虐或被忽视，而是要给这些"受伤"之人抛出橄榄枝，让他们虽然感"伤"但仍能继续感到温暖或关爱，即使我们有时陷入难以承受的情绪或刚刚终结一段艰难的关系，仍可以带着这份关爱继续前行。

合二为一：经历命名与陪伴

当我们开始给经历命名，尤其是带着温情命名时，我们可能会发现身体运作变得更加灵活，反应灵敏；当我们得知可以以一种全新的方式解决事情并且我们能感觉良好，而不是始终陷于苦难感（不曾被命名）带来的难以承受之痛时，这种感觉会变得更加有吸引力。

情绪经历还没有被命名时，就始终存在于我们身体内部，像一个转瞬即逝的表情或手势，会对我们如何看待他人或事件产生影响。正如艾伦·弗格在其《体感》一书中所写："正如我们没有意识到的情绪会出现在我们的行动和表情中一样，思想也可能流露出我们尚未意识到的自身经历。"有时，我们在倾听他人话语的过程中，可以发现自身思想中的情绪基础是什么：是评判吗，是尚未命名的轻视或恼怒，抑或是陈年怨恨？甚至可能感到绝望或气馁吗？

许多人未曾体验过情绪词命名与温情这种双重的经历，所以他们体内仍是一成不变的。如果人们因一起共事的人而恼怒且无人理解，那么他们的恼怒可能会长达数年。伤心往事就如同一颗痛齿一样如影随行，每当这颗痛齿被迷离想法触碰时，大脑犹如被火焚烧，痛苦不已。当人们想起童年伤痛，即使事情已经过去了 70 年，他们可能还是会感到焦虑和羞耻。当我们完全理解情绪并且给情绪词命名之后，身体－大脑就可能会进入放松状态，继而由颅骨中的大脑接收信息。

拒绝自我同情

虽然"自我友善""自我同情"或"自我共鸣"这些概念听起来像是陌生、遥不可及的外来词汇，但我们完全可以谈论它们。尝试想象一下这些词汇所表现出的与自我相处的方式可能与家庭、社区文化所提倡的概念相对立。相信他人更加重要或自己不值得被温暖被同情的想法会阻碍共鸣之路。人们也会想象，如果对自己过于宽容和善，自我就会止步不前，不会有任何提升和发展了。

虽然人们也可能听到过"同情"一词，但对该词为何意却说不上来；尽管他们能够对词典定义娓娓道来，但仍不明其意，以至于该向何处问询都茫然无知。

即使听到宽于待己的所有好处，踏入自我温暖的旅途还是显得有些危险。如果我们言语不那么刚强，话语中透露着大度之心，那么我们就能坦然面对以自我为中心或自私地谴责了吗？自我连接看似更像应该隐藏而非分享之事。人们也许一听"自我同情"一词就会想到这是为自己后悔之事找个台阶下而已，而不是把它看作一种宽恕，能够帮助我们寻求内心理解和自我接纳并回到自我价值认同感上。

有时，如果我们坦然面对这种可能出现的拒绝与谴责，那就可以将它们视作肥皂泡，让它们不攻自破；而有时，这些谴责无法转变，究其根本就是人们对所属物的需要。人们生活在非常重视谦逊甚至是自责情感的家庭和国家，这种文化会让人们更加难以重视自我、走向自我，而且也会把自我同情视为一种对正义感的侵犯。如果你有同感，顺从内心这个重要的声音吧，继续阅读本书，此处所讲的自我温暖与骄傲、自我膨胀或辩解有着天壤之别。

最好的情况就是, 当我们难过时, 父母同我们交谈并给予理解, 把命名与陪伴这两大黄金调节策略合二为一, 创造我们称为"自我调节"的整合模式。如果我们幸运的话, 就能够通过与父母之间的相处对自己了解得更深刻, 也更加宽容待己。果真如此的话, 我们就具有了对自己和他人进行调节的本能, 就如同代表前额皮质的手指一样, 可以自然蜷曲, 攥紧拳头, 保护大拇指——代表我们的情绪中心的"杏仁核"。事实上, 能够在这种最佳环境中成长的人少之又少。

如果我们不懂给情绪词命名或没有在有人相伴的情况下长大, 该怎么办呢? 我们还有什么指望吗? 当然有了! 我们只需要打造强劲的新关系就可以支持自我调节了。这里所涉及的全部信息、活动和冥想都是为了增强我们自我关爱的神经连接而设计的。了解关于大脑的知识是为了让我们明白为什么给情绪经历命名(简称命名)是如此重要, 并帮助我们展开愿景——存在于我们生活(重构)重要关系中的愿景。了解大脑知识也有助于我们识别转移注意力(分心)的健康方式, 提醒我们为什么有人相伴(陪伴)是如此有帮助。值得高兴的是, 随着我们年龄的增长, 位于脑区的自我调节神经也会随之变得更加高效, 让治愈的希望更加可及。

当我们回首往事, 种种经历意味深长, 这些事再也不是缺乏自我反省的反应。当我们将自己视为经过生活历练、顺势而变且自动应对各种状况的大脑体时, 自我评判终止, 激烈的情绪得以休憩。当自我温和成为"可选项", 不管往事如何, 人类都能够燃起投入关爱怀抱的希望之火。既然我们有所了解, 就不能置之不理。这点甚至要比可能学到的任何事实信息重要得多。同时，了解大脑知识还是一个让"我们值得被爱与被理解"这回事说得通的好主意。

自我温柔看似是一个激进且陌生的概念。下面的冥想指南将带领你体会温情并进行自我温柔练习。如果心声告诉你关爱自己是自私的，那就提醒它这个练习可以使自己更加爱护他人，能够带给孩子、朋友甚至是小宠物最好的关怀，能够让大脑变得更加健康。

冥想指南 2.1：单细胞

假如让你温暖待己，会怎么样呢？如果你觉得这是一种苛求，就看看这个冥想良方吧，它会让一切更加轻松！比起让你对全身心都充满善意，单细胞冥想法仅希望你对身体的某一小部分温柔相待。

如果你正在聆听他人阅读，朗读声助你想象，那就闭上双目。如果是自读自听，那就边读边想象。轻轻地开始大脑漫游之旅吧，全身感觉如何？想象一下你的脚趾、手腕、胳膊肘、肩膀、肋骨、胃和后背。还有，当你呼吸时，能够感受到气息呼出。你是一个呼吸体，随着呼吸的进出感受身体的感觉。呼吸感觉最活跃的部位是哪儿，就让你的注意力停留在那儿吧。

让注意力停留在呼吸感知最为活跃的部位时，不管你的关注点在哪儿，都要保持温和，秉承一颗接纳包容之心。可以把你的注意力看作一个充满好奇心、机警的小奶狗或是斗志昂扬、蹒跚学步的婴儿，然后观察一下，看这样是不是能让自己感觉良好一些。

当你和注意力说话时，用带着善意的好奇心柔声问："你好啊，注意力！你愿意停留到我的呼吸上来吗？"让你的注意力改变一下吧，施以温柔的触摸，充满敬意。当你的注意力转向身体的其他部位或想法时，这是因它想要促成你的幸福，才不断地努力让自己停留在它认为最重要的地方，并且柔声细语地告诉自己停留在你的呼吸上。

现在闭上你的眼睛，将一只手放在你的胸前，掌心向上。想象着把身体中的一个鲜活的小细胞放在掌心，感受一下：是不是一个小小的、跳动的小东西？你能明白这个小细胞与更大世界之间存在的联系吗？它由一层柔软的细胞膜包裹着，与其他细胞隔离开来，它们之间可以沟通吗？然后它注意到了自己所在部位的情绪基调，它会做出回应吗？有时，当我们与身体的不同部位"沟通"时，我们会发现这些部位是真正想要帮助整个身体的。你发现这个细胞关心你，想要给你最好的吗？你能感受它的温暖和关爱吗？感激一下如何？

注意一下这个代表你整个身体的小细胞是否在某种特殊情绪中停留过久。如果它有情绪基调，那它是孤独还是难过？需要承诺和舒适感吗？感到恐惧或焦虑，渴望安全感和可预测的未来吗？它愤怒或生气，想要得到尊重和关心吗？它快乐吗？被认出和被欣赏时，它很高兴吗？得到陪伴会满意吗？想一下，你会因这个小细胞有助于你的生活而心生感激吗？你把注意力给了它，它会怎么想？有没有放松一点呢？

现在想象一下，送这个小细胞回到你的身体里吧，它把自己的所见所闻告诉身边的其他细胞，这会如何呢？如果它的经历是愉快的，它会告诉其他细胞，它们是可以被温暖和被关爱的，那么，温暖之光则会普照其他角落，并在你的身上泛起轻柔的涟漪。

让你的注意力回到身体，与之浑然一体吧。在经历过一小部分的温暖感知之后，现在你的整个身体是不是更容易感受到温暖了？不管是不是这样，用注意力"观察"一下，作为受地心引力影响的物质体，你感觉身体是怎样的？你感觉身体在何处触及地表呢？你能感受到自己的体重和存在吗？你的脚是踩在地上的吗？你的屁股是坐在椅子上的吗？你的胳膊和手在哪儿，是什么托着它们？你的头如何在脊椎上保持平衡？注意，你的身体是由地球托举着的。让重力成为地球对你以及你的体重的爱的表现吧，轻轻地让自己回归当下，回归注意力移向的下一个地方……

练习冥想的意义

我们都有感知温暖和关爱他人的能力，但常常不知如何才能把这种与生俱来的，同情他人或自我内心的能力带到我们人类最核心的部分。"取出"一个小细胞，把它放在体外感知，我们就能够利用这种与生俱来的能力助力冥想，点燃温情，关爱他人。当我们把这个小细胞带回体内，满载着接纳包容之心、共鸣之情信息的神经纤维就开始"一反常态"，朝着自我感觉及杏仁核的身后和下方路线游走，形成神经纤维的小巢，孕育情绪的种子。

在这次冥想之旅中，我们一起探索：假如我们将注意力都集中在一个细胞上，一边思索着"我们是谁？"，一边把柔情和温暖都收集起来，以此降低自我连接的难度，那一切问题是不是就能迎刃而解？既然这样做可以增强自我调节纤维，那它就不失为一个治愈力量的基石。

希望带来治愈之光，自我同情扬起坚韧的臂膀。我们将在下一章中学习内在共鸣，了解更多有关情绪词，特别是情绪与渴望的命名经历。

第三章

共鸣如何帮助我们，走向

更自由和广阔的空间

"没人能理解我，我好孤独"

（事实上，"我可以始终有人相伴"）

集体共鸣让我们的相处更和谐

自我友善是一种微妙的概念。**协调**是指一个人以温情、尊重和适当的好奇心来看待他人的经历。一个人也许会对"如果我是他会发生什么"感到好奇，并用尽一切人类所有的敏感力，尝试理解和共鸣。

协调是**共鸣**的基础，两者也是稳固关系的黏合剂。你也许会想起，共鸣其实是当我们感知他人真正理解自己时的一种自然现象。我们会从他人的言语、表情、手势、声音，或者即使只言片语也没有，仅凭其散发出的温暖和关爱气息，就感觉到他人所给予的理解。当我们感到被他人遗忘时，会出现一时的、融二为一的"双感"。无关年纪，我们在共鸣时都如同吸收养分和水分才能茁壮生长的植物一样。共鸣方式衍生的注意力及语言改变我们保存记忆的方式，也改变我们看待自己的方式。借助与以往不同的新视野，我们开始消化羞愧、狂怒、恐惧及自我怀疑的消极情绪，变得知足，接受"我就是我"。我们开始相信世界是安全的，可以信任他人，也可以为自己声援。

共鸣，这个平复情绪的最佳治愈良方尚处于匮乏状态。而且，让人感到遗憾的是，这个使我们变得更加完整、富于创造力、充满力量的共鸣练习并没有得到正确的传讲和普及。共鸣是人类固有的，是我们每个人与生俱来的一种能力——我们只需提醒自己它所具有的力量，按照引导与共鸣朝夕相伴即可。这样做是为了标榜一个通过语言创造共鸣的方式，把共鸣步骤分成几部分，观察每部分的动态，提醒自己如何照做，如何与自我产生共鸣。此处我使用了"提醒"一词，是因为人们很容易忘记这个人类与生俱来的权利。

当我试着与他人形成共鸣时，我开始思考：他们会发生什么事情呢？于是我开始关注他们。我注意到他们的脸和身体是何模样，还留心观察他们的声音语调以及语言内涵。在我把他们带入共鸣世界时，我就和他们进行协调。如果我们每个人都形成"一个人所得到的认知同他人是一样的"这种感知的话，就意味着集体共鸣的开始。

当我们同他人协调，产生共鸣时，也可以将那种专注力和关爱投向自己，也就是说在为他人储存温暖和宽容的同时，也要让自己的身心都转向温暖和宽容的火炉。练习伊始也许会感到陌生和别扭，这是因为我们很少看到身心的自我温暖和宽容的实例，不明白如何做起。

如果我们将大脑与身体与健康整合的复杂体称为"内在共鸣"（RSW），赋予具有自我温暖和调节功能的脑区鲜活的人性，是否更容易想象自我温暖是什么感觉？如果我们想把受过创伤或忍受孤独的大脑变成舒适宜居、提供支持的心灵之所，那就需要唤醒它，使其沐浴自我温暖和共鸣的希望之光，提醒自己我们能够对世界保持温暖与好奇、关心自我调节、持续拥有自我陪伴。

所有这些都意味着内在共鸣出现在人们大踏步迈向自我温暖之时。内在共鸣是一种对支持和关怀情感的认知。在大脑中，它以前额皮质与杏仁核/大脑边缘系统之间轻松且自我支持型的"对话"形式呈现，而这个"对话"具有改变野蛮的、创伤后默认模式网络的本领——把这个充斥着自我憎恶和自责情绪的不良默认状态变成善意的自我陪伴与共鸣的网络。这一变化出现在哪个脑区呢？不知你是否想起第二章中所提到的，自我调节的关键脑区就是前额皮质（见图2.2）；前额皮质可以注意到情绪变化，并给情绪词命名，我们也能利用它改善自我与他人的协调。

大脑概念 3.1：温暖源泉——关爱

许多人在开始了解温暖的重要性时意识到自己要么是在饱受创伤和成瘾症压力下长大，要么就是生活在只顾个人成功，不顾情感关爱的家庭。他们甚至在听到"温暖"这个词的时候会感到困惑或晕头转向；他们很少表达"我爱你"，肢体接触对他们而言是一种侵犯，一种苛求。因此，对他们来说，明白人类生来就具有建立人际关系功能的脑区是很重要的。即使你从来没有感受自我温暖的机会，你的大脑还是在时刻准备着去学习自我温暖。

内在共鸣中另一个非常重要的部分是分布在脑干且与身体关联的大脑深层结构，它促使自我关爱变成一个内涵丰富、体现充分，能够将颅脑与体脑结合在一起的复杂体。

人们通常会认为自己有别于其他动物，但就大脑结构而言，人类显然是动物的进化连续体[①]。情绪研究员贾亚克·潘克塞普的相关研究表明，包括人类（哺乳动物）在内的所有哺乳动物都具有7个

---

① 连续体：连续存在，相互关联的物质、概念。

基础情绪网络，也被称为供养人类（哺乳动物）不同生活能量的**"情绪循环"**。其中有一个负责调控**"愤怒"**（潘克塞普把这些情绪词全部都大写，我们就能知道人类常规情绪循环的名称了）的循环；其他循环则分别控制**恐惧**、**寻觅**、**欲望**、**恐慌/悲痛**以及娱乐；还有一个特殊的循环**"关爱"**，这表示当我们正在经历基础情绪时，如果一只老鼠同我们有一样的情绪经历，那么相同脑区都会点亮。我们将陆续在其他章节中了解到更多有关情绪循环的知识，本章中我们先重点看一下人类的关爱能力。

当我们感受到人与人、人与动物或自我的情绪温暖时，能量与信息就按照某种既定模式流动——朝着杏仁核的上下左右流动，连接大脑边缘系统、脑干以及躯体。我们因对他人伸出援手而感到满足、脑中浮现出心爱之人而心生甜蜜时，都可以注意到这种沿着杏仁核的流动。

人类大脑与"关爱"情绪循环的连通是我们所经历的每个良好关系赐予的礼物，这种连通也构成了脑内联络纤维中最复杂的部分。随着人类年龄的增长，联络纤维也会生成越来越多的树突：前额皮质纤维。前额皮质、"关爱"情绪循环与身体之间的这些联络共同生成自我温暖和温暖他人的能力。我们想要在大脑中打造经久不息、自然运作的自我调节循环，让自己在年龄增长的同时，心态也保持平静。

共鸣技巧 3.1：情感的细微差别

我们再来看一下这个集温暖、目标与行动为一体，代表内在共鸣的复杂体吧。当我们不用任何语言，仅凭深情的眼神交流或肢体接触就让他人明白我们是关心他们的，这点易如反掌。但一旦我们开口说话，就会把共鸣连接抛于脑后，这是因为掌管语言表达的脑区并不负责建立人际关系。如果我们不明白使用哪些语言才能建立关系，那么，我们的不知所云、胡言乱语，就可能导致自己与所爱之人渐行渐远。

有一种语言有助于我们与他人之间建立关系，那就是情绪词的命名。有时，人们认为只有三种情绪存在：快乐、悲伤和愤怒。但当我们用准确恰当的语言描述正在发生的事情时，大脑就有奇妙的事情出现。本节就带领你进入不同的情感基调中。

你也许会想起在第二章中所读到的，身体大脑与颅脑之间的交流是通过情绪来表达的，且能够安抚和调节情绪闹钟，对正在发生的情绪词命名。恼怒、焦虑、打击、困惑、沮丧、恐惧、羞愧、悲痛、惊恐、狂怒以及警告都仅是可能出现的情绪词的一小部分。另外，在庆典上未获得赞扬、认可或未同他人分享的喜悦、激动及愉悦之情也会导致自我封闭以及与他人断联，有时甚至会产生羞愧和绝望的心理（更多总结回顾内容请见第十四章）。人生来就是社会动物，需要在自己的交际圈中与他人一起分享重要的经历或时刻，需要被理解。

你可能会想：一切都好，但你真的想让我谈谈我的感受吗？我已经试过了，没什么用。

的确如此，当人们向别人倾诉心事，但对方没有给予任何共鸣，或者干脆对你指手画脚、高谈阔论一番，抑或是转移话题或试图帮你弥补过往，那是真的对情绪词命名一点帮助都没有。不过，当共鸣登场，另一个身体多多少少会理解正在"闹事"的情绪，又或者是人们学着同自我产生共鸣，那就另当别论了。为了消除你可能认为的"聊情绪不是什么好主意"这一错误观念，我们有必要试着了解情绪所赐予的礼物。

情绪的礼物

· 给我们的日常生活带来活力、色彩以及奇妙差别。

· 让我们明白什么才是重要的。

· 帮助我们了解并习得改变的能力。

· 作为我们最渴望之事的路标。

· 情绪的多样化表达使我们更健康，减少创伤后压力症。

· 有助于我们做决定。

· 丰富人际与两性交往经历。

· 在记忆方面发挥重要作用。

· 让我们进入非意识世界的边缘，开始治愈之旅（第八章中有更多内容）。

情绪上鲜活的关系"供养"着身体与心灵，大力鼓舞我们对他人说"我胃疼"，然后对方说："我可不可以问你，你是不是害怕了？"或者告诉他人，自己正心惊胆战，对方就会好奇，难道是激动、高兴或因失望而担忧吗？事实上，被他人以真诚关心相待的这种经历意味着我们开始编织情绪词汇了。这也是你阅读本书时的一个重要内容。

看一下"愉快"与"不快"情绪词列表吧，回顾一下此时此刻你的情绪词有多少个。当事情进展顺利，人们有安全感和存在感时，就产生"愉快"情绪；当事情进展一波三折，人们感到危机重重和毫无意义时，就产生"不快"情绪，你会发现事情比你想象中还要麻烦。

"愉快"情绪词列表

深情	心切	激动不已	开放
惊叹不已	欣喜若狂	喜悦	平静
愉悦	兴高采烈	欣喜	自豪
吃惊	精力充沛	感激	容光焕发
乐而忘忧	全神贯注	充满希望	欢呼雀跃
镇定自若	活泼	欢欣鼓舞	神清气爽
安逸	热忱	热烈	宽慰
同情	兴奋	感兴趣	满意
关切	振奋	着迷	安全
自信	豁达	活力无限	敏锐
满足	期望	快乐	宁静
好奇	活力四射	喜气洋洋	惊喜
耀眼	入迷	平和	怜悯
欢娱	友好	感动	温柔
欣慰	受触动	信任	
激昂	沉心静气	温暖	

"不快"情绪词列表

害怕	沮丧	阴郁	茫然
恼火	冷血	受挫	勉强
不安	失望	发牢骚	悔恨
慌张	隔离感	伤心	反感
生气	气馁	无助	厌恶
悲痛万分	灰心	踌躇	愤恨
恼怒	不满	恐惧	焦躁
焦虑	厌烦	敌意	悲哀
冷漠	无动于衷	受伤	惊吓
惊骇	惊愕	不耐烦	敏感
忧虑	意志消沉	不相信	动摇
羞愧	担心	漠不关心	震惊
困惑	苦恼	愤怒	怀疑
怨恨	烦恼	不牢靠	悲伤
枯燥	颓丧	厌倦	受惊
抑郁	无精打采	暴怒	惊讶
憎恶	可怕	嫉妒	猜忌
心碎	紧张	孤独	惊恐
谨慎	尴尬	抓狂	挫败
懊恼	义愤填膺	卑鄙	羞怯
不热情	羡慕	忧郁	疲惫
忧心	震怒	冒火	麻烦
迷糊	疲倦	困顿	心神不宁
蔑视	精疲力竭	神经质	失去斗志
悔悟	恐怖	麻木	摇摆不定
古怪	难以取悦	压垮	报复
乖戾	愁苦	惊慌失措	沉默寡言
垂头丧气	惊诧	痛苦	忧愁
压抑	挫折	困窘	卑劣
无望	狂怒	压迫	欲望

冥想指南 3.1：寻找内在共鸣

在本次冥想指南中，我们将了解内在共鸣，这是以自我关心和自我连接为方式来拥抱自我、回应自己的一种全新方式。

如果你正在聆听他人阅读，就闭上双眼吧。如果你在自读自听，就边读边想象。注意一下你的呼吸，看看是否能撑起你的想象力，跟随气流在身体中自由穿梭。感觉一下当自己吸气时，是什么促成了呼吸，在双肺上展帆前行。停留片刻，感受一下呼吸的感觉吧，看看你的注意力是否愿意停留在那里；如果它此刻或冥想过程中的某一时刻处于游离状态，轻轻地、温柔地把注意力拨回到你想让它驻留的地方。

想象一下，你正站在一个大门口，在你面前是一条蜿蜒小路，通往你向往的美景：海滩、花园、雨林、人行道、沙漠或高山。打开大门，踏上这条小路，然后感受一下脚下的路面，有一种什么样的感觉？闻到什么气味吗？看到了什么，有什么味道？有什么切肤之感？有鸟儿歌唱或低鸣之声吗？你能听到风掠过树叶或草丛时沙沙作响之声吗？

如果这是你熟悉的地方，就给你的想象力披上神秘之纱吧，总有你意想不到的事情发生。前方是一条弯曲小路，将带你进入秘密地带；左转之后，你就来到了一个美丽的地方，有舒适的落木、沐浴在阳光下的鹅卵石或可以栖息的长椅，你可以歇息片刻，享受惬意。

休息时，试着想象一下，身边有一个望着你、爱着你、了解你、与你亲密无间的存在。这个存在给你关爱，关心你的幸福，与你心照不宣，"他"能以一颗宽容、接纳之心看到最好的你，明白你最真实的意图，了解你行动和计划时那颗充满爱意的心。

他用充满爱意的眼神望着你的时候会是什么样子？

如果你能感受到这个拥抱自己的爱，这就是内在共鸣。它将伴随你整个冥想之旅。

如果你无法想象这个存在，那就把本书想象成同情你、与你共鸣的自我见证吧，想象喜爱、接纳、温和以及包容之情正从书中悄然升起。

这个存在充满好奇心、开放包容，温柔地静候你的注目。试着与你协调，好奇你的经历，甚至有可能了解你所作所为的意义与目标。当你注意到他时，你就知道他是何方神圣了——也许是最好的自己，也许是你的祖父、老师或精神伴侣，也可能是你的宠物或朋友。他并不认为自己比你强或聪明，只是在默默爱着你，关注你而已。

花几分钟感受一下你的身体在受到深切关怀，在意识到有人对自己的经历感兴趣的时候，有何反应吧。

当一切就绪，带你的内在共鸣回到你的身边，与你同行吧。

当你们结伴快走到路的尽头时，你可以看到你的"呼吸"就坐在大门的另一侧。

让你的内在共鸣陪在你左右，把你的呼吸送回你的体内，也让这个存在一起驻留。

感受一下你的内在共鸣停留在哪儿，在你内心还是腹部？

看看你的身体正在做什么，接纳你的感觉和情绪吧！你也许会感到生气、高兴、伤脑筋、悲伤、兴奋或挫败，不管何种情绪，对你而言都是重要的，让你了解你内心深处的需求。你也许会因自我连接的成功而雀跃，因自我憎恶或苦难而忧伤——无论如何，你的经历都至关重要。

随着时间的推移和冥想练习的深入，比你先踏上冥想之旅的人们将以一颗包容和共鸣之心接纳你，在你进入内在共鸣和自我同情时献出他们的力量和经验。在这条路上你不会形单影只。

睁开双眼，让身心完全回到你的呼吸上，回到此刻吧。

练习冥想的意义

当我们把注意力同时分配在不同脑区时，这些脑区之间的神经连接就会得到加强。正如神经系统科学家唐纳德·赫布在1949年曾说的："同时激发的神经元相互连接在一起。"因此，当我们将想象力融入日常活动，每天都渴望能以关爱及温和之情对待自己，形成自我温暖的力量时，便能够让这些神经元同时发生动作，以增强神经元在脑区的紧密联系。

当我们开始将内在共鸣具体表述为一种特殊存在，一种我们不费力气就可以融入思想的存在，我们让神经元保持激动，把自我温暖的神经纤维连接在一起。我们也可以同时通过冥想，首次实现内在共鸣，也可以不断练习生成自我温暖的感觉。内在共鸣并非指代一个特殊的脑区，而是对每个人都可以培养和开发的一个脑功能的代名词。

当我们以温和之情靠近自己，而非带着轻蔑之心远离自我时，就意味着我们正在经历一场巨大的变革——让自我态度翻天覆地转变的变革，改变了育儿、结婚 / 恋爱、交友以及雇佣 / 被雇用关系的基础。如果我们在人与人之间的关系中把评价、批评、判断及责备等这些不良情绪都剔除，将共鸣代入关系，则可以改变大脑结构，发展神经连接。这个神经连接具有增强内在共鸣的能力，可以平静和安慰杏仁核和身体。据相关研究表明，包括此类冥想指南在内的自我共情和他人共情都对自我调节有一定帮助。

我们生活在一个需要管理自我与外部世界关系的群体中。在这个群居环境中，我们试图以作奸犯科、吞食药物及接受处罚等方式解决自己的问题，而不是利用人类建立关系的能力进行积极的、可持续性的转变。当我们转向内部调节时，不但能获得内在共鸣的能力，从而使自己受益，还可以建立一个不同的世界。

对内在共鸣的冥想回应

这个方法提倡人们踏上平和、温暖及充满理解之情的道路。对某些人来说，这就如同"我们需要爬上云霄，治愈自我"这句话所表达的那样。我们可能会觉得亲切待己的这种想法就像让人学习飞翔一样不可理喻。

一开始看似无法想象，但随着我们坚持基本练习，所有新的选择都将成为可能。一些人在聆听内在共鸣的冥想时，会有超凡的收获——人生第一次体会到燃自内心的温暖，不过这并不是人们的唯一收获。

某些人在第一次接触冥想之时，可能会有生气或绝望的感觉，这是因为他们人生中从未出现过任何能够关心、爱护他们的人。人们有时仅仅想要跟随冥想步骤去练习，而非寻找自我温暖，他们发现自己压根就不相信内在共鸣这一引导。如果你也感同身受，那么你需要明白自己所持有的信任依据实在是少得可怜。

无论冥想过程中发生了什么事，内在共鸣对回应共情来说都足够强大，理解力也足够充分。举例来说，如果某人因内在共鸣而生气时，脑海中可能会出现一个声音回应说："你需要我去理解你愤怒的小火苗吗？""你长久以来是否都形单影只，所以无法想象现在能够有一个人来关心你、爱护你？"（下文有更多详细内容）

其他人仍旧继续在冥想之旅中摸索，当他们内心出现空虚感时，就开始靠近内在共鸣，但没有得到任何回应。如果你很难想象如何才能实现温暖自我、温柔待己，那么下面的共鸣技巧能够带领你进入其他可以触及想象的地方，从这里开始让自我见证的种子生根发芽吧。

共鸣技巧 3.2：播种内在共鸣的起点

在第二章中，我们学习了大脑自我调节的不同方式：给情绪词命名；重构情况，舒缓身心；分心；切实投入温暖关系与共同体中（陪伴）。现在，我们将以此为基础，继续打开通往自我温暖的大门，学习有助于我们整合共鸣的技巧，继续探寻内在共鸣之路。

本书的每个章节都是在前一章节中所描述的支持大脑健康与幸福的基础之上所创作的。

如果你曾被他者（父母、祖父母、姨母或叔伯、敬爱的老师、朋友或陪伴你的宠物）所爱，那就从他（它）们眼中看看你自己吧。

·当他（它）们看着你的时候，他（它）们的内心会发生什么？

想想你宠溺、牵挂或深爱着的某个孩子或动物吧。

·闭上眼睛，想象一下你怀抱着这个孩子或动物。

深切地关爱一个人的幸福是一种什么样的感觉？

·如果你能感觉到这种温暖，温柔地在你脑海中想象一下儿时的你吧，把那个孩子或动物的形象替换成你自己。

·头一次这样做也许有些尴尬，这是因为助你形成自我同情能力的树突以及你儿时的镜像很不习惯在你的脑内建立连接。这种想象貌似不大可行，但单单阅读这些词语也是架起自我感觉与关爱能力之间桥梁的起点。

如果你对缺乏自我价值有深刻的意识——不相信你能够被爱（许多人都这样，你并不是特例），那么扪心自问一下，在你的生命中是否曾有过毫无过错的时候？

·你是否感觉自己一直是一个纯洁可爱的婴儿或是蹒跚学步的幼儿？

·你的自我感知中是否因创伤、虐待或痛苦而有负面影响？

·如果你觉得你天生就"坏"，不妨思考，难道你能在出生前预料未来的性格吗？好好观察一下，在你看来你的心灵是怎样的吧。

·找找比你自己更伟大的事物吧，让它们拥抱你的心灵，给予你理解。

·我们无须对已发生的事做出任何改变，但奇怪的是，当我们明白事理的时候，关于这段经历的认识就会改变。此时，我们可能会对心灵说："你是否因痛苦与羞愧的重担而精疲力竭？你是否渴望获得治愈和支持，渴望去一个能接纳你、认为你很重要，你也能找到归属感的地方？"

　　有时，当我们把内在共鸣引入内心世界时，我们可能会感受到不信任、沮丧、愤怒，甚至迸发出步入极端的怒火。无论儿时自我或内在自我如何回应，我们都要学会以一种全新的方式对待它。举例来说，如果内在自我是持怀疑态度的，我们可以这样问："你是否对自己真实所见的事物都感到绝望？你很难相信自己在现实中无比重要吗？如果你拥抱温暖，你是否会觉得当温暖离去，自己会失望透顶？"

　　·如果内心自我或内心那个孩子生气了，我们可用隐喻猜测来揣摩其愤怒的感觉："是不是就像全世界都着火了，唯独我披着个石棉服（消防衣）安然无恙？""你的愤怒是不是就跟火山爆发似的，要摧毁一切？""愤怒如此强烈，你甚至想要拿把刀把地球给劈开？"

　　·这些隐喻猜测可以捕捉到少许愤怒、分离、异化、失望、痛苦、心碎、恐怖以及重要的爱情。在你做隐喻猜测时，小心翼翼地寻找一下你的情感吧，观察那些能使你揣摩出情绪细微差别的一些小变化，跟随你的体感找寻更深层的自我认知。

　　·有时，听闻年轻自我的激烈情绪与所受之苦是让人很惊愕的。如果这种情绪让你受到了惊吓，你可能就需要额外的支持以帮助受惊吓的自己。获得额外救援的一个渠道就是去看医师或同辈心理咨询员，他们可以给你温暖感和陪伴感。有时，人们会发现朋友伴侣的存在有莫大的帮助，方法也不是唯一的。最重要的是，这种支持并不惧怕情绪，当你同他人分享你的情绪时，就会产生被他人理解的感觉。

　　·有时，人们因害怕伤害他人而不敢提及自己的愤怒，这也许有助于了解共鸣共情其实并不等于认同或宽恕暴力言语及行为。当他人或自己明白为什么会有情绪量级，且在没有采取任何特殊措施之前说"你当然会感到如此强烈"时，共鸣共情就会出现。

长久以来，能够增强内在共鸣的一个最为重要的方法是：将我们的注意力转移到呼吸上，当呼吸游走时又用温情召唤它回来。

小贴士：如果我们在练习冥想时，让年轻的自我出现，而这个年轻自我要么"死亡"、要么昏昏欲睡，是呼唤不醒的，这的确有点可怕。当我试着第一次与那个年轻的自我建立连接时，她满身污垢、脏乱不堪且毫无回应。这还是数年前，在我懂得以同情之心回应那个内心深处的自我之前发生的事了。那时，我不知所措，别人也一头雾水。于是，我开始想象和她就那样坐在一起，默不作声。就这样，几年之后，她终于开始回应我了，甚至注意到身边还有一个充满怜悯之心的内在共鸣。在我学习共鸣之后，我开始以不同形式的注意力关注这个千疮百孔的心灵，当我以同情之心抚慰她时，她立马恢复生机。我问她："你是不是被疲惫、恐惧和他人的痛苦折磨得快不行了？""你是不是一直生活在阴沟里似的，被他人忽略，甚至遭受恐惧和虐待？""你需要沐浴在柔情之中，洗尽铅华，找到你的伤口，想办法治愈它们吗？""你是否因世间痛苦和世人之间的相互折磨而心生恐惧、备受打击？""你是否渴望自己和他人都能够得到救赎和改变？"

播撒和耕种内在共鸣之种是培养自我友善大脑能力的基础。我们唤醒的掌管自我感觉和依附通路的脑中枢越多，就越能够同情自己。最重要的是，这是一种能使我们过上美好生活的习惯——让自己有归属感，不再总是认为自己微不足道，能够为己正言，爱己所爱。当然，这并不是说如果我们不首先爱自己的话，就不能爱他人；人们有能力，也的确可以对世界抱有同情心，甚至当人们自怨自艾（见本书第十一章）时，也如此。但当我们自我治愈时，也向他人提供了一种截然不同的治愈之径。伴随着轻松欢快的呼吸，充满着优雅与信任的感觉，这些都是爱自己的能力。

卡米拉的故事

在我参加莎拉的课程之前，我从未想过有朝一日我也能以同情之心对待自己。在我8岁那年，父亲将我扔在大街上，对我咆哮，大骂我，我那时对他的话深信不疑。当我头一次听说这个有关内在共鸣的课程时，我以为它和自己毫不相干，不过，因为我喜欢学习大脑方面的知识，所以就留下来听课了。起初，我也对封闭自我、画地为牢的自己感到震惊，在听完整整12节课后，我才从当初的那种震惊中走出来，开始认真听课，然后还在电话上和我的孩子们聊起这个课程和自己的遭遇，改变也就从那时开始了。之后的我甚至会对自己更温和，我又重新做回了"我"，那个尊重自己、怀揣信仰，信任自己和他人的人。

在第四章中，我们将开始练习如何运用神奇的冥想指南，与那个恶意的默认模式网络过招。当我们停止与那个内心声音做斗争，开始倾听其心声时，就意味着我们要召唤深刻改变的技能了。

第四章

从"我不配"到"我无愧"

"我有点问题"

（实际上，"我受够了！我的事事关紧要！"）

内在苛评的生活

正如我们在第一章中所学，如果一个人遭受过创伤或未曾产生过共鸣，持续审视其社会互动活动的默认模式网络就有可能变得野蛮狂躁。默认模式网络把人类所造成的误解、过错、缺点、瑕疵、缺乏礼貌或没有为他人需求而着想的这些时刻都当成爆发的武器。

人们通常将野蛮模式下的默认模式网络称为"内在苛评"，这是因为它总把消极评价强加在自己的想法和行动上，包括自我质疑和自我轻视。（本书第十一章中将更详细地探索自我嘲讽和自我憎恶。）本章节探讨自我评价、自我批评与自我否定的习惯，如"我到底怎么了？""我能不能好好地做一件事？""我的问题出在哪儿？我小时候也是衣食无忧的啊""我太敏感了"。

某些情况下，当人们在接收内在苛评不断发出的信号时，就想立刻把信号给切换掉，因为他们实在是精疲力竭了，濒临崩溃、绝望或者只渴望获得平静和安逸。一些人甚至可能会问，难道有人喜欢听到这种苛评的声音吗？然而，如果人类不真心倾听这样的声音，那它就不会真正地改变，因此，我们应该始终勇于向前，制服这种声音。

有一些关于自助和正念方面的书籍可供人们平心静气，书中建议人们在感知情绪时阅读它们。按照书中所说，如果照做，情绪将仅持续几分钟或最多停留一个小时。但依我经验来看，这一般是没有经历过野蛮模式下的默认模式网络的人才有的乐观积极的评价。习惯于蛮不讲理地进行自我批评的人们很可能连续数日、数周，甚至终生也改变不了这种与情绪相关的感觉。这一般发生在内在苛评之声始终没有得到理解的情况下。接着，这种内在苛评会继续侵蚀主体，数十年中毫无停息的征兆，仅在主体像背侧注意网络一样把脑功能从一个功能网络转到另一个功能网络时才会短暂停止侵蚀——就像人们打电脑游戏时一样。

内在苛评之声的潜在层次

一旦开始倾听默认模式网络的声音，我们会发现自我批评的表达有着诸多不同层次。让我们先来看看作为"画外音"而在日常生活中持续浮现的自责层次吧：

·第一个层次的声音是完全忽视治愈需求，对人们或自己为何因"平安无事"的童年或往事而受影响感到奇怪。

·第二个层次的声音把自己与他人作比较和评价。（"看！那个人都能把事情搞明白，你到底是怎么回事？"）

·第三个层次的声音近乎隐形，它是由消极的自我评价引起的羞愧、分离或退缩。（"我还不如死了算了""我不应该待在这儿"）

·第四个层次的声音可能是责备，抨击自己退缩和逃避。（"你看你多傻？"）

·第五个层次的声音就像一个罪犯想要阻止一场痛苦的警方询

问似的，试图通过承认错误来软化抨击，不断咒骂"我太傻了，我太傻了！"或"我几乎要崩溃了，无法承受"。

· 第六个层次的声音是当一个人开始踏上治愈之旅，责备自己当初不应那样过于自责，也不能那般评价自我以至于不能在治愈道路上继续走下去时出现的。

第一个层次的声音——自我轻视，是人们常发出的一种心声，可以说是屏蔽自我感觉的第一道防线。由于大脑未整合事件全貌，人们无法理解坏事到底有多坏。当内在共鸣（第三章中介绍）"下线"，人们轻视并否定自己，就连认真待己的机会都不给，更别提能感受到体感和经历愈合了。

当一个人最终明白自我轻视和否定之音在现实中站不住脚的时候，真正的治愈之旅就开始了。聆听内心之声："你在抱怨什么？""你跟那些生活在战乱中的人们相比，想法太简单了。"在自我否定中撒点善意怀疑的种子吧，把它转变成温暖的好奇心，找寻努力实现自我调节的背后到底隐藏了什么痛苦、失望和渴望。

自我轻视的一个表现形式是永远没有自我满足。这个声音有没有对任何事感到满足过？或者，它是不是一直渴望得到最好的称赞？它是不是要做个荣誉致辞生，获得罗德奖学金、麦克阿瑟奖、纽约时报畅销书奖，签下一个超模合同或登上顶级杂志封面，摘得奥斯卡金像奖或爬上福布斯全球富豪榜榜单才算得到满足？如果真的获得这些荣誉，那个自我轻视的声音会不会又开始指责自己是个招摇撞骗的大骗子了？苛评之声的要求如此之高，难道不是太不近人情了吗？一个人是可以穷尽一生去努力，得到这个自动浮现的苛评声音的认可的，虽然这种完美设想遥不可及。

自我轻视的另一个类型出现在人们对所发生之事毫不知情时。即使人们从生理上还是会下意识地对事件进行回应，但实际上，他们可能压根就不知道自己正在受它的影响。这在某项研究中得到了证实——在该研究中，人体和仪器被导线连接，以测量众人的心率、血压；当要求他们观看令人不适的画面，一些人看后虽然表示自己并未受到什么影响，但实际上与他们对自己的"信任"相比，生理迹象已经"出卖"了他们——心率、血压对那些画面做出了回应。因此，当人们没有任何身体和情绪上的意识时，他们压根就不知道行动所带来的情绪后果是什么，即使对情绪伤痛有认知，也依旧会忽视。这种自我轻视即是人们不把自己当回事的另一种表现。

对于身边有伴侣、老板或朋友——但大部分在生活中缺乏身体与情绪信息捕捉能力的人，这里有一个贴心小提示。当我们问他们："发生什么事了？"他们会说"没什么"，即使我们已经发现种种迹象表明他们正处于困境，但他们还是会说："真的没什么。"有时，他们是真的没有觉得焦虑、难过或生气，因为他们甚至感觉不到自己在困境里的存在；有时，他们有感觉，但不知道该如何用语言表达。这可以帮助我们了解自己对某人的担忧：担心这个人是不是疯了或在说谎。（被称为"回"的脑区能够检测到人们语言与行动之间的错误。当它发现两者并不相符时，会触发焦虑感与对危险的感知。该脑区属于我们在第一章所介绍的默认模式网络中的一部分；我们将在第五章中了解到更多有关焦虑的内容）能了解到他人尚未意识到的自身所发生之事这一点是非常令人欣慰的，因为这样可以使我们明白可能发生的事，把我们从羞愧中捞出来，转向同情的救赎。

当人们正在经历不安情绪，自己却浑然不知时，压力会随着时间的推移不断积累，最终导致痛苦的突然爆发，这种情绪既不可控，又看似无法解释：突如其来乱发脾气、陷入绝望的无底黑洞或不能自已地哭泣。濒临情绪崩溃边缘的人们也许会觉得他们就在一边这样看着自己，看着自己经历绝望，同时又无法理解。

如果人们能够稍微整合一下情绪，那么可能经历的另一番情景就是：自我理解若隐若现，突然领悟人生走向，然后又置若罔闻。当人们在转瞬即逝的机会中相信自己，对自我产生信仰，然后又变得不再相信时，伤痛将一时变得易解，随后又变得模糊不见。人们常常就这样寻找自我平衡。

一旦我们明白这一点（一个人需要内在共鸣帮助其了解和一个始终批判且从不知满足的声音一起生活是多么痛苦不堪），内心深处可以暂作栖息。这个像手术刀般犀利的评价声略带一丝苦涩的嘲讽——嘲讽我们愚蠢的审视自己的标准。我们也许无法阻止一颗追求完美的心，但可以动摇那个势必完美成功的信念，可以质疑内心苛评的真相。

人们会在不知不觉中利用内心苛评填补缺乏温暖的空白。当人们试图用那个冷酷无情的衡量标准和比较提高自我时，常常以其父亲、祖父及曾祖父为标榜。（有关**"隔代创伤"**的详细内容，将在第十一章中介绍。**"隔代创伤"**是指受到难以磨灭的历史遗留及个人事件影响的个人，其子女和孙子女在神经生物学上也会出现这种影响）让我们来了解一下，当我们把自我苛评的各个方面以一种全新方式重新连接时，对有关大脑一分为二，即大脑各"半球"力量方面的研究是否可以更多支持自我同情。

大脑概念 4.1：左、右半球

大脑的整体形状就像是一个核桃仁，分为左半边和右半边两个部分，这两部分基本上是彼此的镜像，被称为**"左半球"**和**"右半球"**。两个半球体在结构上是不相同的，这种差异的存在使人类能够产生自我同情。

大脑倾向于陷入黑白思考的模式，把人类思想按左、右半球一分为二，但事实并不会这样划分，除非大脑一边因车祸或重病而毁坏。人类都是有两个脑半球的，两个半球体积极活跃，协助我们完成所有事情。脑半球各有专攻，但一个半球在运转的同时另一个半球也在全力辅佐。正如艾伦·佛格尔所言："如果简单打个比方来解释人类的左、右大脑，那就是一个人是右撇子的话，仍需要使用左手控制着写字的纸或用左手拿着没有盖盖的瓶子。她在甩动右臂的同时，左臂也跟着摆动以保持整体平衡。"

大脑左、右半球都有助于默认模式网络，无论这个默认状态是善意的还是野蛮的。左半球负责掌控我们的日常语言；当左半球与运转良好的右半球整合在一起时，它可以让人们使用语言，将自我与他人连接起来。当两个大脑半球没有整合在一起或左半球与运转不良的右半球整合在一起时，左半球就开始强调破坏、断连、比较、批评以及解散这些日常语言。

两个半球受到精神创伤和脑损伤时都会出现后遗症。在抑郁症患者中，该特点尤为明显。两个（健康的）脑半球给我们带来情绪健康大脑的整合性、弹性思维的益处。左半球能够在人们感觉自己或好或差、或完美或有缺陷、有价值或无用处时，让情绪更为轻松些。右半球让人们的思维既错综复杂又灵活应变——有时关怀备至，有时粗心大意，既相对完整，又能达到治愈和改变，这样也会让情绪更为轻松；另外，身体的整合架构以及情绪解码功能都由右半球大脑负责，承担接收并解读身体的情绪经历、解码他人在演讲时的情绪并理解其中传递的信息。

另一方面，由于左半球不能"听到"共鸣，它强烈倾向于行动而不是理解，因此，它用自己的方式来关爱我们。左半球并不真正认为人类是无限的、有趣或独特的个体，而是把人类看作处理事情的方式、一个工具或一种功能体：妻子、丈夫、助理、孩子、老师、木匠、外科医生。左半球还带有社会等级意识，可以观察人们（包含自身）与他人相比是否更有才能、富有、有安全感、有优越感、长得更好看、更有实力等等。

科学家们注意到这些看待世界的不同方式，试图通过调查大脑结构找出这些差异的根源所在。一项研究表明，左半球的脑回路结构与右半球有所不同，其他结构上也有明显差异，但这些细节与了解如何听到大脑声音和进行大脑整合这两点相比显得不那么重要。

现实生活中的隐喻始终不适合描述大脑的量子环境，不过，也可以通过形象化地描述这种表达方式来达到理解：左半球互连的感觉就像是一个盘根错节的果园——相邻果树互相"侵扰"，枝叶根系分别触及。（要注意的是，虽然科学家们将树突称为"树"，但树突的"枝干"可以与相邻树突的"根须"相连，"根须"同样可以与"枝干"相连。）与之相反，右半球更像是一片丛林，在半球体内相互连接，如同蔓延至远处并与其他相距甚远的植物连接在一起的葡萄藤。左、右半球结构上的这些差异意味着，我们用左半球来衡量与比较（及批评），用右半球来广泛连接相关联的神经网络，并由此放眼未来、瞭望愿景。

左、右脑半球之间不断进行对话，以不同方式做同样之事。这表示，人们可以以两种方式来看待自己和世界。正如作家琳·麦吉尔克里斯特所写，左半球的功能在于"追求正解（'任一/其一'）"，而右半球的功能是"更好地适应带有矛盾情绪的生活以及两个明显不相容却具有真实性的概率（'二者/与'）"。

当我们对脑半球知识有了了解，就能够分辨出对我们有害或有益的自我回应模式之间有什么区别。

大脑半球与内在共鸣

大脑两个半球都使用语言，但负责日常生活主要语言中枢的是左半球，而右半球则活跃于沉吟诗词、隐喻、情绪（甚至是脏话）、家庭关系、非语言交流以及刺激情绪的深层价值（本书将这些作为"共鸣语言形式"——一列举出来），因此右半球对内在共鸣的作用最大。

两个脑半球都有助于人们的幸福，也都可以催化自我贬低。内在苛评从两个脑半球中产生，它包括比较、评价、痛苦、抑郁、否认等层面。内在共鸣能给我们带来完整性、理解、自我同情、审美以及被梦想深深激励的能量。如果失去内在共鸣，人们会在否认痛苦的同时把自己弄得支离破碎，会一直希望自己能够变得完美，甚至不关心也不记得他们其实只是普通人。最糟糕的是，他们会受制于这个内在苛评。但同时最好的状态是，人们带着将信将疑的态度去聆听内在苛评的声音，不完全相信它所谓的"事实"，但利用它的才能、清晰思维以及高标准去激发、执行以及实现目标，创造微妙的平衡并让自己保持在正道上。

人们需要左、右半球同时运转达到最佳状态，以获得善意的默认模式网络和内在共鸣，同时，前额皮质与大脑边缘系统相连接，不断提供温情之流，实现自我调节。左、右半球都有助于行为与功能运作。人与人之间关系的存在来自注视、发声、手势及接触；所表达的词汇选择同样重要。当我们想要捕捉话语中的共鸣时，了解内心深处的渴望及价值观将极大地帮助我们理解情绪。

共鸣技巧 4.1：聆听人们的深切渴望

当我在监狱中给那些服刑犯讲解大脑及我们使用语言的方式（电话、通信、拜访）如何限制自己与家人之间相处等的课程，我并不奢望他们能够活学活用，把课堂上的知识运用到与亲朋的相处上。不过，当一个女犯人讲述其与家人之间发生的故事时，我还是感到很震惊。你会留意到在她的故事里，她不但没有停止感受，而且还询问了亲戚们隐藏于心的感受如何。

她说："我母亲与她的兄长已经有 5 年不相往来了，在此之前，我们每一年都在一起过感恩节，但自从我外祖父住进赡养院、我舅舅的大女儿去世之后，整个家庭就支离破碎。自此以后，我下定决心要以一种新的方式为这个破碎的家庭做点贡献。我跟妈妈打电话聊天，她谈起她对兄长有多么生气，我就问她：'妈妈，你很生舅舅的气吗？当你为了把外祖父从养老院给接出来费了很大劲时，你觉得自己需要认可和赞赏，需要理解吗？'我妈妈回答说：'是啊！我需要！'然后我舅舅打来电话说，他是多么生我妈妈的气。我说：'舅舅，当你想到我妈妈对您女儿去世时的态度，你是否感到失望？你是担心我妈妈体会不到您失去女儿的悲哀吗？你需要理解和哀悼吗？'我舅舅回答说：'是啊！'就这样，我妈妈和舅舅如今又在一起过感恩节了。我希望我能成为一个隐蔽的矛盾观察者！"

这个故事告诉我们：但凡情绪，事出有因。我们有感知，有情绪，是因为这些看似平常的事情，比如爱情、理解、认可、赞赏、信仰、和平、信任及关心等，对我们而言，是真的干系重大。这些概念由右半球大脑运作，左半球大脑则是行动的"引擎"，以事情的轻重缓急、热情投入程度、稳扎稳打和埋头苦干的要求等为基准来处理。感觉与需求的联系最初是由美国心理学家马歇尔·罗森伯格大量记录，他将这个相互联系的概念定义为非暴力沟通。我所讲授的关于沟通方面的内容也建立在罗森伯格所著的《非暴力沟通：生活的语言》一书的基础上，因为该书清晰描述了哪一种语言能够使人与人之间建立联系，哪一种言语和习惯会使人与人之间失去联系。罗森伯格的这本书所带来的一个意想不到的效果就是，它像聚拢人群一样把大脑整合在一起，唤醒两个大脑半球，让它们共同发挥作用。

让人惊奇的是，人们常常察觉不到其实在感觉背后还隐藏着信息和渴望。（罗森伯格用"需要"一词描述这些深层信息，但有时，人们更倾向于使用"价值""原则""大智慧""质量"或者其他我们较为珍视的词语来形容。其实使用什么词语并不重要，因为大脑皮层照样运作。唯一重要的是，给这些词命名可以让人与人之间更加合拍，更加和谐。）

虽然人们可能会否认自己有需求，但实际上他们的人生因其渴望而与他人不断错综交汇。人们因欲望而行动，即使在最艰难的情况下也是如此，虽然那时，需求就变得层次复杂且难以实现。一旦人们开始触及欲望，震惊之感就会频频产生——因为人们会发现其实自己的野心比想象中要大，自己真正渴望得到的居然有正直、真理，甚至让世界上所有儿童的快乐与幸福这样普惠国际大众之事。

这种复杂心理根植于艰难的选择。比如说，如果成年人选择寄居于有家暴或精神虐待行为的家庭中，那么他们也许会渴望拥有关爱并建立情感关联。如果逃离这样的家庭存在风险和危机，那他们可能首先考虑生存、经济方面的保障或子女的安康；其他需求也可能会在这种情况下出现。对在这种艰难条件下生活的人们而言，对尊重、关爱、温暖、柔情、人身安全、幸福及亲密的渴望是不大可能实现的。无爱婚姻的复杂程度也与上述情况相似。再举一个例子，当我们看到身边朋友全身心投入一段关系，却无法得到任何回报时，他的心理同样复杂。关心照顾一个体弱多病的家庭成员或朋友，而这个人对他人的付出毫无感激之心，这种关心的初衷可能是想要奉献的渴望或是感到一切情况都稳定时的放松，而这个付出的人显然不会把对亲密、认可或感激的渴望放在首位。

下面是人类普遍需求与价值的列表。每一个需求都把人类导向前额皮质——可以帮助大脑自我调节、实施计划，让我们看到更大愿景。认知正在产生作用的深层渴望将我们带入重构的自我调节机能。一些需求将我们引入左脑的价值关系中，比如效率与乐观心态。

其他需求则带领我们深入囊括爱情与信仰等概念的右脑价值观中。

人类普遍需求与价值

自主性

选择	独立	自我负责
自由	力量、自我管理	

完整性

个性真实	治愈	完整
保持完整自我	目的/意图	

欣赏

认可自我	仔细考虑	有存在感
接受自我	以自我为重	被了解

自我表达

创造	激情
成长	工作
目的	自发性

互相依赖

贡献	和谐、和平	保护生命
共同体	安逸	尊重，将彼此视为整体
考虑	亲密	
合作	我们所爱之人的幸福	支持、帮助
友谊		信任、诚实

培育、滋养

情感	关心、自我关心	共情
共鸣	舒适、温暖	善良、温和

生存（营养元素）

空气、水、食物、容身之所	活动	安全性
	健康、幸福	
抚摸	休息、睡眠	

庆祝

活力	娱乐、玩耍	热情
高兴	幽默	流动
死亡、哀悼	乐趣	

连接

归属、包含	陪伴	预见
沟通	参与、合作	可靠
爱情、亲密、亲近		共同价值
	关系、相互关系	共同历史、现实、文化
友谊		

安全

一贯性	秩序、结构	保护
可靠性、稳定性	预测	信任
		尊严

心理

理解 / 阐明	学习
信息	刺激

精神

美丽	和谐	平静
与生活相连	鼓舞	安宁
信仰、希望		存在

　　列表不能尽善尽美，所列词语也均是简要概念，无一个词语是表述何人在何地做何事——比如说，我们无需征得同伴同意才能去

夏威夷休假或让孩子们立即做他们自己的事情。也许我们想要他们这样做，但其背后可能隐藏着某些更为深层次的含义。当我们考量这些行动背后的渴望时，也许能够发现，我们实际上渴望的是支持、共享的经历、联系、陪伴及责任等。除了我们去哪儿旅游或他人会多么迅速地回应这类，许多不同的策略是可以架起我们与内心深层价值之间的联系的。

从行为的根源上探索这些价值观令人感到平静和深刻，以至于它的简单性是有违直觉的。让我们把某些基础理解融入这一次冥想指南的内在苛评中吧。

冥想指南 4.1：内在苛评之共情

内在苛评究竟想从我们身上得到些什么？你能明白你的内在苛评之声（主要来自左脑的指令）与内在共鸣（主要来自右脑的指令）之间的区别吗？这两种声音是如何互动的？

如果你被这个问题弄得有点不知所措，那就稍候片刻，问问自己："当你正经历某种失败时，你的自我感觉如何？""如果我练习一下冥想，会如何？"（其他问题也有可能是："举办一场演讲或出席一下公众场合如何？""如果尝试一下创作、下厨、舞蹈或为他人唱歌等这样的新鲜事物会如何？"）当人们面对自我表达的挑战时，内在苛评可能会歇斯底里地呼喊，因为它太渴望完美无瑕了。人把自己推向外面的世界，却对自己的生命能量会不会被捕捉毫无所知时，最为脆弱。

如果内在共鸣以共情来回应面对苛评的恐惧感，该怎么办？这个声音的担忧会为众人所知吗？如果内心苛评听到人们对它的绝望和疲惫的理解，会不会就能放松一点？本次冥想指南将探索对内在苛评回应的更多选择。

在你开始本次冥想之前，先做一个自我评价的列表吧。你会呼唤自己的名字吗？你用形容词来暗喻自己做错了或是做得不好吗，比如说愚蠢、痴傻、无望、笨拙或无能？你经常拿自己和别人作比较，并且想超越对方吗？当你想到自己的时候，感觉到放弃、否定、轻视或冷漠这些情绪了吗？有没有愤怒、急躁或狂怒的感觉？（你开始聆听左脑的声音）

别扭的右脑也会在内在苛评活动中登场。你对自己如何在这个世上生存而感到伤心、郁闷或恐惧吗？你对个人经历中那些厌恶、自我厌恶或恐惧部分的感受很强烈吗？（如果你也曾有过这种对自我的强烈反应，那你一定要读一下第十一章的"理解自我憎恶"）

找出那个对内在最具冲击力的判断，也就是你的身体反应最强烈的那个评价。现在，你可以开始了解你的内在苛评声音是如何的，让我们开始吧！

从你的身体开始，看看它在空间中处于什么位置。你的肩膀在哪个地方会跟你的胃有联系？你的胳膊肘在哪个地方会跟你的臀部有联系？你的脚和膝盖在哪儿？你的前额跟它们如何关联？

现在，将注意力集中在你的呼吸上。你能感受到当你吸气时呼吸在你肺部形成的形状吗？这一形状距离你的躯干又有多远呢？你能感受到当你吸气时腹腔中有何变化吗？当你呼气时形状又会如何呢？让你的注意力伴随着呼吸在胸腔与隔膜中的形状变化一起稍息片刻吧。当你的注意力从你对呼吸形状的感觉中游走时，轻柔地带着温暖把呼吸再带回来吧。

现在，请你重新回到那个内在苛评声音上。大声说出你的发现，你的身体发生了什么事？你停止呼吸了吗？无论你感觉如何，即使出现短暂的大脑空白或身体麻木也无妨，看看是否能产生形容你感觉的情绪词吧，还有在这些情绪词背后隐藏着的你最深层的渴望究竟是什么？

当你慢慢地读下表中的隐喻猜测时，选择适合你的词汇，然后忽略其他。阅读这些可能会深深触动自我苛评情绪的字眼也许会让你不知所措。感受一下你自身的反馈，投入温柔的怀抱吧。如果你正在听本书音频，那想暂停的时候就暂停一下吧，冥想的目的其实就在于轻轻地探究内在苛评的意图以及聆听其心声是何情形。随着你对此表的阅读，让注意力回到你的苛评之语上，看看哪个问题能真正地对苛评背后的深层需求产生共鸣。如果你发现了这个"共鸣"问题，停止阅读，让它慢慢沉入心底，看看它是否能让你以一种不同的方式看待内在评判。

如果这些问题对你来说没有百分百正确，那有没有带给你什么灵感，随着身体的紧张与放松模式，激发自己提出关于苛评感觉与需求的问题？你也可以用上述的情绪与需求列表来帮助自己探索。

现在，让我们开始与内在苛评之声共鸣吧——片刻之后将进入与接收评判信号的身体部分共情的阶段。这些语言按照自我苛评的等级来划分，从温和到强烈程度不等：

· 批评家，你是泄气了，还是追求完美？

· 你是否曾放弃希望？你重视责任感吗？

· 你失望吗？你希望兑现承诺吗？

· 你是否渴望得到关注、能力和成就？

· 自我苛评时，你感到疑惑吗？你想要独立和坚持到底的信念？

· 你缺乏耐心，渴望改变和转型吗？

· 你多疑吗？你希望得到信仰和信任吗？

· 产生内在苛评时，你犹豫吗？想要安慰和保证吗？

· 你恼怒吗？渴望精益求精？

· 你厌烦吗？想要新奇和真实的自我表达？

· 你轻视自己吗？渴望具有能力和优势？

· 你对世事感到轻蔑吗？你渴望能代表一些事物吗？

· 你生气吗？想要成功吗？

· 你是不是觉得绝望在"消耗"你？你觉得自己需要知道吗：
不断努力却始终未能成功，这是多么令人精疲力竭？

对于内心真正强烈的苛评声音：

· 你感到极其愤怒、歇斯底里，以至于想要摧毁一切？

· 你有没有想要伤害自己的时刻？你渴望和平吗？

最后，也是最重要的：

· 你内心的批判家是否感到绝望，还想达成一些成就吗？

你还有没有其他隐藏在内在苛评痛苦下的隐喻猜测?

现在,转移一下你的关注点,当你把注意力集中到接受评判的那个"自我"上时,会出现什么情况?

当你听到"自我苛评"这一词语时,你的身体会有什么反应?当你听到这样的词语时,你是否屏息敛声?无论你是何种感觉,即使是濒临陷入空白或麻木,都可以探索有没有能够形容你感觉的情绪词以及在这些情绪词背后隐藏着什么样的深层渴望?在你听到的隐喻猜想词汇中,找到适合自己的,忽略其他。如果你在此过程中产生了灵感,那就试着随着你紧张或放松的身体模式,猜测一下隐喻词汇将是什么。

· 自我啊,你是否变得很渺小和羞愧,需要支持和安慰?

· 你难过吗?需要知道自己本来的模样也是被爱着的吗?

· 你感到疑惑吗?你需要理解吗?

· 你是否一直感到焦虑不安,需要释放和希望吗?

· 你是否感到绝望,渴望被接受吗?

· 你是否感到疲惫不堪、不知所措,需要一份对承担批评重担以及多年来艰难地负重前行的认可?

· 你感到困惑不解,需要清晰思路吗?

· 你害怕吗?你需要保护和喘息空间吗?

· 你感到绝望和恐慌,需要一个立足之地吗?

· 你是否为了战胜永不知足的绝望而选择自我封闭?

· 你已厌倦了努力,渴望安逸吗?

· 你感到无法信任他人,需要转变与改变的希望吗?

·你对批评已经不耐烦，渴望得到支持和接纳吗？

·你对被人指手画脚感到很恼火，希望得到尊重吗？

·你感到孤单，需要归属感和关爱吗？

现在，注意一下两个"自我"在受到经历认可时发生了什么事，你的身体有没有发生什么变化？

当你的注意力重新回到呼吸时，将内在共鸣认知置于自身之上吧，那样就可以从天花板或天空来俯瞰自己。如果你改变审视自我的视角，会有助于你转变以往的评判吗？你觉得你可以做到自我温暖、自我接纳吗？你能够认同自己的成就及对负担的同情吗？

让自己以呼吸的形状回到温和温暖的注意力上吧。如果你在冥想时让内心苛评的声音出来吓唬或警告自己，那就给面对这种声音时颤抖、脆弱或愤怒的自我一些共情吧。这个自我可能需要一个隐喻猜测，比如说"你渴望一个安全港湾和保护屏障，才能好好地探索和学习"或者"你感到震惊和生气，渴望得到尊重和关心"。跟随你的身体，注意它是如何回应你的反应。

现在，回到你的呼吸和正在肺内构成的呼吸有机形状上。随着空气卷起和平展运动：循序渐进、温和地……在你准备就绪的任意时间，让自己回到温和与和外部世界建立的关系中。

用挑剔的眼光评价和看待自我与用温柔眼光看待自我是有一定差别的，观察一下自己与共同体之间的互联性、自身经历复杂程度、情绪、任何纪念日、你为之奋斗一生的东西以及渴望体现的价值。注意，当你看到人生愿景时，内在苛评的声音可能就不会那么强烈了。

练习冥想的意义

这里的冥想将带领我们审视批评的自我以及易受批评影响的自我之间的关系，使人们明白人类自身要比这两个自我重要。当人们学会辨别批评式的自我评判时，就可以理解其所具有的局限性，而非盲目信任这种评价；开始能够洞察真相的实质声音——强烈、充满优势且温暖的那个自我。

当内在声音清晰可闻，人们就开始留意到自己所做的任何事情都是急我所需的尝试。人们总是试图尽全力去照顾自己和他人，但有时会悲剧性地漠视他人的心。

当这些声音因内心最深层的欲望而有所改变时，人们就会从不知足的"仓鼠轮"中爬出来，回归到初为人时的模样，最终让内心生长，日渐茁壮。

注意一下，你的内在苛评之声是否使用了一些熟悉的战术或措辞？假如你并非自言自语，假如你的内在评判实际上来自你的父母或曾经的老师，那么会是谁呢？这个自我使用了父母在对你或对他们自己失望时曾用过的词语吗？假如你的父母对你或对他们自己有很深的渴望，那渴望会是什么？

关于内在苛评之声的回应，你学到了什么？

随着冥想练习的深入，我们开始聆听、辨认并召唤不同的心声：

否认、轻视、批评和蔑视的声音（左脑）

·并不值得信任的声音。如果我们相信它，那就麻烦了。请采取合理怀疑。

·聆听这个声音所发出的深层信息吧。共鸣回应就是对资源欠缺状况、精疲力竭或我们为了成功已经付出数次努力而难以达到或接近憧憬等这些的认知。其他可能性："你渴望得到我的幸福吗？""你想要我活下去吗？""你认为这个世界很残忍吗？"如果我们接受这个声音中最好的部分，那我们就能够开始按照其建议进行转变和改进，而非因其变得麻木不仁或无能。我们寻求平衡、可分辨、高质量且不断改进的爱。

·正如利用身后之风一样，我们可以捕获苛评声音的正能量，将我们推向深层次的渴望及人生愿景，让诚信成为我们决策和行动的基石。

痛苦、压抑、彷徨、无望和无力的声音（右脑）

·毫无悲伤之情的哀鸣。如果我们在尚未找到悲伤原因的情况下就停止，那就麻烦了。（更多内容将在第十二章"抑郁"部分进行介绍。）

·如果我们从这个声音中得到了最好的部分，我们就能正视自己的痛苦，谦逊为人，不屈服于麻木不仁与无能为力。

·如果我们怀揣力量、韧性及自我同情之心来聆听这个声音，就可以发现哀鸣，用恰到好处的温和与支持来抚慰它，给予共鸣和理解，同时也不会在这个过程中迷失自我。

·如果我们接收了这个声音中最好的部分，那么我们最深层的渴望就能实现，同时还会获得正直和力量。让我们开始加快行动，用最深切的梦想助推自己不断前行吧！

内在评判后的生活得到理解、解读和释放

在内在共鸣登场，助你谱写幸福篇章之时，下表的内容为你揭开伴随温和与自我理解的生活是何种状态。在你通读本表时，看看哪些适合你，哪些对你有利，哪些对你而言甚至是完全无法想象的。

· 开始享受简单的呼吸。

· 享受独处和安静的快乐时光。

· 与身体发出的声音互相适应，倾听自己的直觉。

· 细心一点就会发现：周围的人其实很有趣，人们的语言和选择会揭露他们的内心。

· 聆听人们讲述其自身的种种经历。

· 人生经历多多少少会在人们的脸上划上岁月的痕迹，给这些痕迹冠以荣耀吧。

· 愉快地接受别人的邀请，共度美好时光。

· 理解那些失联的人以及对他人造成情绪伤害的人，理解他们这样做是因为旧伤未愈或生活空寂、孤苦伶仃。

· 勇敢迎接自我诋毁、自我苛评以及自我厌恶声音的挑战。

· 留意一下真爱究竟为何，有何意义。

· 愿意行动起来，亲手创造你想要的生活。

· 能够描述你的梦想，问问自己渴望什么。

· 敞开胸怀，发现并迎接生活所赐予的礼物吧。

· 当你痛苦时，不要再执着于内心深处的渴望和所谓的爱与理想了。

· 让自己有意义。

· 理解并留意将你引领至此的恩惠。

· 认识到你是一个非常复杂、独具魅力的人。

· 增强让别人感到敬畏、惊奇与好奇的能力。

· 在爱情与痛苦面前示弱。

· 按照能够让自我快乐的方式，选择消磨时间和人生能量的方式。

· 享受实时人际关系的感觉吧。

· 敞开心扉。

　　尽管这看起来似乎有些奇怪，但如果你刚刚开始这段治愈之旅，所有的甜蜜都会在前方向你挥手。当你听到恐惧和分离的声音，深刻体会到那些经历的根本原因时，我们开始让大脑冷静下来，敞开整合最佳右脑（共情、温暖、共鸣、理解）和左脑（清晰、行动、动力）之路的大门。

　　与此同时，这也很难想象。如果你有质疑性的内在苛评，那么自己很可能会非常怀疑和抵制"生活会变得更美好"的想法。如果你正听到这种质疑的声音，你可以问问它，它是不是要把你从挫折痛苦中解救出来，然后感谢它努力照顾着你？

　　第五章将描述人们在体内传扬缺乏陪伴的自我见证这一声音所产生的生理影响，以及如何将共鸣带入焦虑情绪的世界。

第五章

焦虑：大部分人都逃不开的仓鼠轮

"对我来说，'放松'意味着天塌地陷"

（实际上，"我可以相信自己和他人"）

陷入焦虑时，身体反应会警告你

焦虑是一种情绪，人体将这种情绪解读为"哪儿出问题了""有点不对劲"的警告。焦虑会使人饱受煎熬、痛苦不堪。意识表层之下因"出现差池"产生的痛苦感觉如火炼一般令人煎熬，灼烧皮肤时或如那种噼啪作响的电流持续在胸中燃烧刺痛。有时，焦虑伴随着腹部异常、紧绷或痉挛之感；这是一种低层次的感受包裹着的紧绷情绪，有的人为之忍受数年，甚至几十年。一旦身体放慢脚步至一定程度，所发出的这种声音就能够真正被听到，此时也会发现这些声音正在试图保护我们。身体往往想要以强迫我们饮食、喝酒、放纵或沉溺于易上瘾活动等这些方式来抑制焦虑情绪。

无论焦虑经历如何，只要感到注意力和关爱被带入身体，就可以走向平和与幸福的大道。

大脑概念 5.1：焦虑与情绪循环

前额皮质在所有可能出现的最佳大脑状态中，积极作用于情绪调节。其中一种类型就是调节异常；前额皮质越不活跃，大脑所受痛苦就会越多。前额皮质不活跃的大脑有可能是一个充满焦虑的大脑，这就是为什么唤醒内在共鸣感是如此重要。当我们有意将温暖融入情绪艰难时刻，我们就往支持幸福的神经连接模式中注入了力量。

另外，神经系统科学家潘克塞普除了发现老鼠可以像人类一样笑这一现象之外，还穷尽一生探索人类情绪是如何在大脑中沿着特定路径移动的。如第三章所述，潘克塞普将人类动机与情绪所遵循的途径分为七个明晰的子系统，也就是"情绪循环"。我们之前已经了解过情绪循环之"关爱"部分，现在我们开始了解情绪循环之"恐惧"和"惊慌／悲伤"部分。潘克塞普的基本情绪系统显示了情绪循环的数量、对这七个情绪循环具有重要意义的部分是什么以及人类情绪所涉及的循环有哪些。

表 5.1　潘克塞普的情绪系统

情绪循环	对情绪循环具有重要意义的词语 （需求、渴望、价值）	所涉及的人类情绪 （感觉）
关心	贡献、关爱、爱情、共情、和谐、归属、温暖、共鸣、保护	柔和、满足、爱情、保护
欲望	性表达、肢体亲密、伴侣关系	欲望、渴望
娱乐	娱乐、乐趣、自我表达、创造力	消遣、高兴、兴奋、幸福、惊喜
恐惧	安全、可预测性、平静	焦虑、恐惧、恐怖、惊骇
愤怒	支持、代理、效力、重要性、目的、尊重、自由	激怒、蔑视、生气、憎恨、愤怒
惊慌／悲伤	联系、爱情、友谊、存在	焦虑、伤心、孤独、悲哀、沮丧、尴尬、内疚、羞愧、渴望
追求	生存、满足	满足、释放、骄傲、兴奋

焦虑表现与恐惧、惊慌／悲伤有一定的联系。当潘克塞普首次对**"惊慌／悲伤"**情绪循环进行研究时，他发现当小型哺乳动物被迫与它们的母亲分离时，这一情绪循环表现最为活跃。**惊慌**是孤独的，是当海豹妈妈外出觅食捕鱼时，被留守在海滩上的小海豹呼唤妈妈的声音；是母猫离开之后，饥饿的小猫咪低声哀鸣的声音。

惊慌情绪同样存在于我们人类当中：当我们被迫与对自身而言非常重要的人分开时，这个人体内独立成形的**"惊慌"**情绪循环就会登场活跃。但这并不是说我们惧怕危险，而是我们害怕被遗弃，而且我们整个的颅脑对此一清二楚。这就是被遗弃、空巢、心碎以及挚爱逝去时的情绪崩溃范畴，当然也可能是人类单纯的悲伤或孤独感。

潘克塞普意识到，与**恐惧**相关联的**焦虑**情绪和与**惊慌／悲伤**相关联的**焦虑**情绪非常不同，即使在内心感受上这两者毫无差别，但明白这一点是很重要的，因为当我们需要了解自己正在经历哪一种情绪循环时，我们就会明白哪种共鸣对自身而言是最有帮助的。人们通常在既焦虑又孤独的情况下是不想获得安全感或被他人保护的。有时因为害怕生活或忧心未来，人们往往在焦虑时还排斥他人的亲密。

还有一种可能是，**恐惧**的焦虑和**惊慌**的焦虑这两种情况同时存在。比如说，担心独自承担抵押贷款的压力，希望身边有个人能陪伴自己一同承担生活的重任；又或者，无人陪伴不仅有如影随形的孤独感，身体还可能出现危险。另一个情绪融合的例子是，当一个人的家人正在饱受成瘾症的百般折磨时，他能感受到的那种困惑焦虑的痛苦，可能在害怕不良后果出现的同时，还希望这个家人能够远离家庭，同时还会因这个犯成瘾症亲人的存在而感到孤独。

在这种情况下，人们需要得到对目前损失的认同，这也有可能是对以往旧伤的现时折磨的认同，这种挥之不去的旧伤留下了不可磨灭的痕迹。比如说，突然失去中年时期才结交的朋友的经历可能会引起其对小学时类似经历的伤痛感。我们可以冷静地来看待这件事，因此，至少我们在这种情况下可以观察到当我们在克服压力时，挥之不去的往事是否仍在作祟。有时，这样做可以帮助人们认清，焦虑其实是过去式。我们仅仅是试图以现时经历，帮助自己了解为什么时至今日自己仍然会产生焦虑情绪。如果我们不回顾过去，可能会认为解决了现时问题，我们就会内心平静。但在解决问题之后内心还无法平静的话，人们可能会没完没了地忧心，无法找到渴望的内心安宁，原因就在于我们找错了地方。（关于解决遗留问题的内容，请见第六章）

显然，如果一个人正在遭受家暴、整日处于"战争状态"、试图解决即将面临的房屋止赎危机，抑或是正在遭受其他创伤时，这种即时发生的消极事态就会在这个人的心里深深扎根，造成巨大的现时焦虑。

如果你正在经历双重焦虑，那就想想你的情绪中与抛弃相关联的部分比重是多少，与惧怕尚未发生之事或所处危险相关的焦虑感所占的比重又是多少。令你个人焦虑不安的经历是什么？无论你的焦虑类型如何，它都会让你的大脑加倍运转，将你置于重压之下。如果你真的了解自己的焦虑经历，则内在共鸣关怀回应的方式会变得轻松一些。

无论是何种情况，对情绪经历的命名和唤醒内在共鸣在某种程度上会对我们产生帮助。接下来的共鸣技巧列举了当人们在使用语言时用一种全新的方式对待自我，如何将情绪与渴望联系在一起。

共鸣技巧 5.1：将语言融入协调与共鸣

将情绪经历融入语言的一个方法就是把身体感觉连接起来——把存在于知觉与感受根源处的情绪、想法或渴望联系在一起，让所有这些情绪经历都交织融汇在朝向自我的温暖好奇心中。人们好奇的是，在这一时刻对自身而言最为重要的是什么，然后在同自我交谈的精神世界中，人们询问自我感知可能要发生的事情是否真的会如期而至。在这一过程中，人们认识到内在共鸣并不完全了解自我感知的复杂程度，因此，也就拥有了自我探索的空间。

这种探究借助了"但凡情绪，皆出有因"这一理念。举例来说，一起负责项目的同事所获得的赞许比其应得到的要多，如果我们为此而恼火的话，这种恼怒情绪可能会持续很长一段时间。但是，如果我们理解自己的恼怒，认识到了自身所期望得到的认可、贡献、正直以及合作关系这些因素，就会发现愤怒的小火苗会渐渐熄灭。

作为表示尊重的姿态，这种探究始终以疑问形式存在，而非一段时间就终结，比如说"你啊，我在想你今天是不是伤心了，是不是很忧伤来着？"与"我知道你伤心了，情绪很低落"的对比。这个问题的答案是开放式的，它可能指代一个重要的深层价值，而非让自己去做某件事情的欲望，比如"认同与事实的需要"与"让我们老板知道那个同事根本没有对项目怎么上心"的对比。

我们可以在看似清晰的身体感觉和情绪基础上释放好奇心或疑惑，也可以把猜想建立在听到自我心声的基础上。比如，我可能说了"我恨她"；如果我没有近距离地倾听共鸣的声音，我可能会对自己说"亲爱的，可不能这样说"，然后就错失了深层含义——"有一群女孩儿对我说了些特别伤人的话，其中一个女孩还是我最好的朋友"。这样的理解很轻易会遗失在我们的日常倾听中，不过，也可以通过不同层次的疑问重新找回理解。

深入倾听自我与解决问题之间毫无关联。在我授课的班级中，有一名女学生曾提到，她不断地被卷入愤怒的旋涡。她因为曾经的一些朋友，时常陷入愤怒，在她变得健康后，就与这些朋友渐渐疏远了。她担忧这种情绪会让身体受到猛烈冲击，最终丧失本已取得的发展。她看了一下人类普遍需求与价值列表（见第四章），寻找对自己重要的词语：尊重、选择、隐私、诚实、保护和安全。当这个女学生依次大声说出每个渴望词语时，她逐渐放松了下来，表示这个方法开始奏效了。她说，她不再生气，也不会再害怕了，只是仍有点伤心，既为那些曾经的朋友也为自己感到伤心。改变不易，但现在她再也不怕和他们抗争到底了。从她的事迹中，我们可以看出这个女学生的客观情况并没有任何改变，但她已经唤醒了内在共鸣，开启了自我共鸣的道路。

猜测对自己或他人可能重要的内容是一个神圣且具有创见性的做法，需要对人性和事实力量的信任，使人们触及自我中心。在猜测过程中所发现的品质是永恒的，不会因外在环境而改变，仅仅会被创伤、缺乏支持、伤害、痛苦或资源匮乏（贫穷、不健康、无法接触自然或在时间上有过多要求）所掩藏。当我们对需求和价值命名，思考对我们自身或他人而言，最深层次的重要因素是什么时，我们就重新唤醒这些品质，提醒自己到底是谁（或是提醒他人，他们到底是谁）。

如果我们按照内在共鸣行事或他人与我们产生了共鸣，但仍旧没有丝毫改变的话，那可能是儿时的伤痛仍在隐隐作祟，我们甚至还能对这种伤痛经历娓娓道来。正如第六章中描述的，如果我们孩提时代的感觉方式真正被了解、被共鸣，或者如果我们去了解他人、与他人共鸣，我们的身体也许就能放松下来，思考自我的方式也就能完全改变。

当我们花时间去理解他人，和他人建立联系时，我们收到的信息就是"我们很重要"。记住，杏仁核正在问："我安全吗？我重要吗？"内在共鸣或回答此问题的他人身上所产生的温和注意力就会得到一个"是啊！"的回应。人类的焦虑不安应该被温暖融化，因正确性及理解力而得到安抚，依靠"我们发出的信号已被接受"这一强烈的感觉而平息。

那么，到底是什么时候埋下了焦虑的种子？是过去、现在？是因痛苦还是惊慌？为什么会感觉如此不快呢？

大脑概念 5.2：神经递质与大脑中的"焦虑鸡尾酒"

人们有时会一直处于焦虑之中，生活被不安情绪笼罩，惶惶不可终日。而且因为长期在这种焦虑状态下生活，人们甚至觉得，如果焦虑消失了，生活就会不可想象，难以为继。当人们给这种感觉定名，使用频率最多的就是"焦虑"。许多人和焦虑"共度"良久，以至于自己都没有意识到那是什么问题。人们把焦虑视同胳膊肘或大脚趾，是身体不可或缺的一部分。有时，焦虑会给自己带来一种全新的共鸣体验，让身体感到真正的放松。也只有在那时，人们才开始注意到，自己原来一直都是枕着焦虑生活的。

对付焦虑的办法很多，包括药物、物理疗法、针灸以及瑜伽等等。本章所描述的基于身体的共情方法可以单独使用，也可以同其他疗法合并使用。

大脑在一系列化学混合物质上运行，它们被称为**"神经递质"**，可使神经元之间互相沟通。当一个人焦虑时，肾上腺素与皮质醇增加。战战兢兢的焦虑感就很难得以转变。部分原因在于当皮质醇指标居高不下很长一段时间以后，保持平衡的大脑化学物质被耗尽，这些大脑化学物质包括肾上腺素、血清素、多巴胺以及催产素（这种化学物质的衰竭会导致抑郁症）。

焦虑情绪与大脑的镇静化学物质——γ-氨基丁酸（GABA）以及**内源性类阿片肽、内源性大麻素、内源性苯二氮卓**等其他镇静化学物质（是的，大脑自体会产生类似吗啡、大麻以及安定类的物质）之间存在着一定的联系。当焦虑情绪加剧，杏仁核就会登场，镇静类神经递质就减少生成，与前额皮质的接触骤然减少，调控情绪的能力也就进而降低，导致冷漠的默认模式网络的消极性上升，这就意味着一个人处事可能不会"三思而后行"。这种轻率的决定可能导致更大的压力，这种额外的压力甚至让人们变得效率低下，发现自己陷入消极和自我存续的泥潭中。皮质醇就如同金凤花姑娘[1]一

---

[1] 金凤花姑娘喜欢不冷不热、不软不硬的东西，人们常用其形容"刚刚好"。

样——喜欢一切事物都"恰到好处"，是衡量人们幸福的标准，皮质醇过多的话会对人体有害，过少又会让人们陷入疲劳。

当压力演变成一种慢性症状时，就会对人体和大脑产生不良影响。皮质醇水平衰竭，疲劳就上场，影响睡眠、机体功能、记忆力、心情以及免疫系统。处于慢性压力状态下的老鼠会丧失它们的狡猾性及创造力，生活模式切换成循规蹈矩和自动回应。老鼠大脑中用来进行决策和达成既定目标的脑区萎缩，新的脑区就会要求它们一切都按照习惯而不是思考进行。老鼠开始其人生的"走马观花"：重复做同样的事情，毫无创新。这是由于压力与焦虑已经改变了老鼠大脑的化学物质，这与焦虑状态下的人类大脑所发生的情况相似。随着人们逐渐从压力和焦虑走出来，人们发现他们变得更加随机应变，不再如之前那样受制于固有习惯。如果人们可以看到自己的神经递质，也就能够看到平衡改变了。

最为奏效的支持方式即是最为重要的使用方法。有很多为了治愈焦虑和抑郁而练习冥想的人发现，培养内在共鸣使他们减少了冥想次数。自我苛评之声力量和可信度的降低使得人们更加放松，也减轻了痛苦，所以减少冥想次数能够有效限制焦虑和抑郁的发展。

一些人使用该方法获得自我关怀，他们第一次发现自己完全可以接受专业的医学治疗，通过药物或心理治疗来得到精神支持。自我共鸣所展现的清晰状态让骚乱与混沌的大脑安静下来，告诉身体自己需要支持。有人曾说过："我甚至不知道原来我抑郁了或者我本可以得到支持，现在我明白自己身上发生了什么事情，如何寻求帮助。"这就是共鸣所发挥的神奇力量。随着共鸣温暖的练习，人们增加了所有镇静神经递质的自然流动，能够做更加有利的自我关怀决策。跟随身体，去它想去的地方吧。

下面的共鸣技巧配合身体知觉(或者躯体知觉)、"愉快"与"不快"情绪词列表(见第三章)以及人类普遍需求与价值列表(见第四章)，提供一些练习方法，实现自我共鸣，这个方法称为"自我共情"法。

共鸣技巧5.2：练习自我共鸣（自我共情）

自我共情疗法也可以用于冥想或日志记录中，一些人甚至用手机录下自己的声音，以这种方式与自己对话。当我们留意到身体知觉，理解自己的情绪和渴望之后，就能把握经历的核心部分，我们的内心世界就发生了变化。让我们来看一下这种经历会是什么样子的吧。

自我共情疗法

1.尽量做到一丝不苟，精确详细地描述一下近来让你"上火"的因素。如果你能够说出个人经历中对自己而言最糟糕的时刻，那么，它是什么？如果你不知道最糟糕的时刻是什么，就说明整个经历吧。

2.将注意力集中在你的躯体上，尤其需要留意你的胃和腹部、胸腔内的心脏和肺部、喉咙和面部肌肉的感觉。

3.当你思考那个"上火"因素时，体内有什么变化？要尽可能精确地描述那种感觉，比如说，肠道上部产生紧绷感，小肠轻微抽筋，筋骨卡壳，隔膜停止移动，喉咙有肿块或者泪水刺痛了眼睛。

4.选择那个反应最强烈的身体知觉吧。

5. 问问自己：如果身体知觉有情绪取向的话，那这个情绪取向会是什么？是伤心、愤怒、生气、恐惧、震惊、惊骇还是绝望？抑或是某些微妙情绪，比如沮丧、听任、轻视或羞愧？（可使用第三章的情绪词列表。）

6. 当你的身体对这一种或几种情绪说"是"的话，问一下自己：如果这个情绪完全说得通，那我渴望什么？（可以使用第四章中的人类普遍需求列表，看一下在这种情况下对你来说重要的是什么。）

7. 回到那个对"上火"因素的回忆上吧。

8. 现在你的身体有什么变化？

9. 如果这些感觉是情绪的话，那这些情绪又是什么？

10. 在这些情感之下隐藏的需求又是什么？

11. 随着你继续寻求这些感觉、情感及需求，你的恼怒或其他情绪可能会随之发生转变。如果你还是想要某个人去做某件事，你可能需要担忧一下你所期望的关系与现实关系之间的差距。

12. 你的身体知觉有没有软化一些？（你不是为了改变身体而倾听，而是为了接收身体想要让你明白的信息。身体改变也是对话的一部分。此时的区别与同他人对话相似，你听他人讲话是为了真正了解这个人，而不是让对方自顾自说话或一起沉默。）

13. 随着与身体对话的深入，看一下是否有其他情感或需求浮出意识表面，想得到认同。

我们让身体回应"是""否"或是解释说明，把简单明了的一句"当然！"的神奇力量带入我们的经历中。例如："我当然伤心，今天是我母亲的忌日，我需要一些时间和支持来悼念她。""邻居在我家地盘上砍掉了一棵树，那可是为我遮风挡雨、庇护我，如同老友一般让我珍爱的宝贝，我当然很恼火，甚至怒不可遏。""我一边面对这个世界上的各种选择，一边还需要患得患失，我当然生气。""家人、朋友和工作无休无止地提要求，而我喜欢遵守诺言，诚实诚恳。我根本无法让所有事情都圆满，所以我当然感到焦虑。"

一旦我们开始感受到这种内在的善意，就向自我调节迈出了一大步。当我们有效且平静地对待情绪经历，就不会再受自己反应和冲动的支配了，我们也有选择的余地了。

身体无需为了更好地了解我们而改变，但应该经常在对话中放松下来；这是一种悖论，因为我们并不企图改变什么，期望能有什么不同的反应或毫无反应。我们也不是要求身体能够立刻安静下来，变得愉快或放松，只是想要给正在经历的情绪词定名，冠以温情的名字而已。无论何事，这种共鸣式的自我对话都能让我们的身体平静下来。

焦虑：父母往事的角色

随着我们清除陈年旧伤，重建难解记忆，在各自的治愈道路上取得具有重大意义的进步，就会意识到我们可能在和几代人遗留下来的痛苦作斗争。**表现遗传学**的科学性以及对在大屠杀和"9·11"恐怖袭击事件中幸存下来的儿童所进行的研究表明，父母儿时所经历的与压力相关的变化可影响他们的后代，当孩子长大之后，在其皮质醇水平数据上能显现出来。

我们的故事在经过数代人生活的演练之后，其中的伤痛开始得到治愈。我们会将父母、祖父母以及曾祖父母视为反映人类历史的彩色壁毯，随着时间流逝，代代传递力量：韧性、决心、生存力、艺术热爱感、创造力以及独创性等等。此外，家族故事也会揭示触动祖辈神经的那些历史创伤：贫穷、战争、流离失所、饥荒、疾病、金融危机及其他骇人听闻的事件。这些创伤都会带来焦虑、抑郁、分离、虐待及或成瘾症的负重。这样艰辛的生活帮助受到创伤的家人渡过难以承受的痛苦，但同时也遗留下难以解决的问题。

当我们预测将有不好的事情发生，焦虑就自然而生。生活在过去时代的祖先，他们身上也经常发生不好的事情，可以说，焦虑是一个历史遗留问题，我们甚至没有丝毫察觉。因此，了解影响家庭几代的历史遗留创伤对于看清在代际之间遗传的担忧和压力这一大形势是非常有帮助的。

静停片刻，回想一下：你是否知道什么家族史？祖辈中有人曾是地主吗？家族在过去是富有还是贫穷？你的家族是如何来到你出生的地方？家族是什么时候来到你生活的区域的？祖辈有没有遇到过宗教、种族、国籍或阶级歧视这些问题，当时是什么情况？你的家族有过多少次一败涂地又东山再起的经历？是否曾经参军或目前仍然在役？祖先有没有经历过大屠杀或时疫之后忍受创伤的折磨？

每个历史事件都给个人留下难以磨灭的创伤，这种创伤此起彼伏，仍在以各种演变形式成为笼罩我们的阴影，使基因无法帮助我们对抗压力，让我们停滞不前。时至今日，这种阴影还在深刻地影响着人们，因为人们有意识或无意识地在往事基础上构筑对未来之期望。（第十章将描述支持此项探究的过程）

我们感到焦虑的部分原因是，我们有能力及时放眼未来，预测未来之事的同时，也可以回顾历史，审视所做之事，据此推断自己是不是需要有所改变。换言之，我们从这些经历中也获益匪浅。而大脑为了助我们一臂之力，也变成了预测未来的工具。

大脑概念 5.3：仓鼠轮——前扣带皮层

当人们对未来之事感到焦虑时，大脑几乎就像是爬上了想象中的小巧的仓鼠轮一样，随着轮子旋转，我们被带入需要解决问题或防止问题发生的各种潜在场景中。即使我们明白历史不可逆转，甚至还会重复上演，又很难改变，想要从那个仓鼠轮中逃脱出来近乎是不可能的事。我们常常需要对心怀内疚或恐惧的自己开诚布公，以试探自己是否能与这些部分建立联系，实现自我调节。

比如说，对于担忧子女的父母们可以这样自问一下："你是否把每个场景都演练了一遍，想看看是否能找到一个更好的回应孩子的方式？""你是否觉得一旦停止担忧，也就意味着自己将放弃希望？""你对孩子爱之深责之切，愿意为孩子赴汤蹈火也在所不惜？""你疲惫不堪，渴望得到支持、认同与休息？"这些内心对话是可以支撑父母信念，帮助他们从仓鼠轮中解脱出来的。

另一个例子来自对经济或工作的担忧。比方说，当你在凌晨三点醒来的时候，可能会跟自己这样对话："反反复复考虑每一个可能性就是为了了解如何偿还款项，或如何跟上司沟通？你有没有制定个什么具体计划，该怎么去沟通，他们在一天中强调不下 14 次，一旦你完蛋了，还能卷土重来吗？你有什么惧怕失去的东西，让自己几乎不敢奢望安心吗；你渴望解脱和得到恩赐吗；你急于逃离羞愧和后悔情绪，永远不愿重蹈覆辙；你渴望得到自我救赎吗？"

让我们更好地了解一下大脑的"仓鼠轮"——专业名词为"前扣带皮层"或"前扣带区"。前扣带区位于前额皮质与大脑边缘系统（见图5.1）之间，虽然其外形结构类似于大脑皮质的其余部分，但常常被认为是大脑边缘系统的一个组成部分。某些研究人员认为前扣带皮层是默认模式网络的一部分，某些人认为不是。前扣带皮层在理解和转变冷漠的默认模式网络方面发挥着重要的作用，原因在于，连接其与默认模式网络的问题是抑郁、焦虑、创伤后应激障碍和成瘾症中的一部分。前扣带皮层产生循环发生的、无情且消极的想法，这种想法同时也是野蛮模式下的默认模式网络的一部分。一旦我们辨别出这种无止境的重复想法，就可以认清我们并未那样想，那种想法也不是真实的声音。左右大脑各有一个前扣带皮层，它们汇集了时间、学习和记忆，在我们把预测与结果进行试验对比时登场。它努力把过去和现在集合起来，让人们的生活变得更加美好。当前扣带皮层与默认模式网络错误连接时，人们设想未来生活轻松自在的能力就会被损伤。

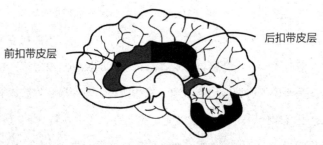

前扣带皮层

后扣带皮层

图5.1 前、后扣带皮层的位置

在一个不眠之夜，当你辗转反侧，反反复复考虑同一个愁人的问题，却毫无任何新的进展时，你可能会问你的前扣带皮层："我在想，你是不是想要保护我，所以才让我总是时刻保持警惕？""你能不能承认你已经考虑得面面俱到，还是赶紧进入梦乡吧？"然后注意一下你的身体是如何回应的。我们每个人都需要探究各自使用语言时的小调、颤幅及连接方式，以便把内在共鸣融入生活中去。

我们不仅仅用前扣带皮层解决问题，还常常通过它来观察人们是否表里如一。我们所得到的意见与建议的那个人的行动相符吗？尚未定义的动机让一个人南辕北辙，说着要朝着某一方向行动，而实际上却朝着另一个方向行动吗？在更高层次上，一个组织、企业或公司的行为与其所主张的意图相一致吗？言行之间出现的所有问题都是前扣带皮层借以衡量诚实、一致性、可靠性及真实性的标准。差异性也是引起焦虑的另一个根本原因。

共鸣技巧 5.3：辨别并解决焦虑的根本原因

让我们来看一下，到目前为止我们所学到的关于引发焦虑问题的导火索，思考在触发焦虑的场所和使用自我温暖的共鸣技巧平息焦虑这两方面是否还有其他可能性。让焦虑引起共鸣的方法就是感受身体感知，当身体感知充分展现重要情感后，猜想一下渴望、希望、梦想以及需求中哪一种情绪更为活跃。当然，还有其他治愈方法。最重要的是不断探索，勇于尝试，直到找到那个最适合、最奏效的方法为止；因此，人们有可能感知到真正放松的身体感觉是什么样的。

下列是一些针对探索自我焦虑历程，以及整合书中所述技能与知识而得出的可能办法：

这个问题可能比较难。想象一下，当母亲腹中孕育着你这个小生命，尤其是怀孕初期两三个月时，你是一种什么感受；母亲的情绪状态又是怎样的呢；母亲给予你温暖和支持了吗？在我们还是腹中胎儿的时候，就可以感受到母亲的压力和焦虑。当母亲焦虑时，我们感同身受。从压力和抑郁值均"爆表"的母体（尤其是中期妊娠阶段）中诞生的婴儿要比那些轻松度过孕期的母体中诞生的婴儿更难得到安抚。如果这是我们早期的经历，那我们从出生那一刻起就确信焦虑是生存于世的常态。

·基于共鸣的方法：学习本章所传授的冥想指南方法，想象你将共情带入胎儿期的自我。如果你愿意，还可以邀请母亲一起，让她对孕期的自己产生共鸣。你的身体对此有何回应？

在我们出生之后，早期的遗憾经历，包括死亡、领养、意外、情绪变化以及对看护者的过度依赖都会加重焦虑心理。回想一下，作为孩子，你当时有过害怕吗？你曾遭受过虐待、无视、经济困难吗？你身边存在有暴力倾向的家人或目睹过家庭暴力吗？你曾经历过什么创伤，是失去、暴力、事故、灾难还是什么紧急情况，是监护人缺乏工作保障还是家庭没有足够的经济支持？你在瘾癖或强迫症中苦苦挣扎吗？你患有抑郁或其他心理健康问题，还是身体欠佳或确诊了某种疾病？

·基于共鸣的方法：将共鸣带入那个曾受过伤痛的自我，看看早期自我的感觉是否会随着身体感知、情绪和渴望的命名变化而有所转变。

当你还是小孩子的时候，你相信自己的什么？初中、高中时期乃至成年之后，又分别相信自己的什么？你有没有喜欢自己的某一点，当这个点变化之后，你会开始变得焦虑吗？如果你的确焦虑，那么当一切事物突然变得不同时，发生什么事了呢？

·基于共鸣的方法：对每段记忆来说，如果其经历的身体感知还鲜活如初，那就让内在共鸣带着温暖和理解拥抱它吧。

你虽是社会团体或实际组合的成员，却在圈子里毫无影响力？这种因标签或某种观念而被忽视、边缘化的经历将影响你的免疫系统细胞，甚至引发压力和焦虑。

·基于共鸣的方法：练习认同和自我表达能力，不要对他人说教，给他人造成负担，让自己享受与内在共鸣一起度过的时光。

你的父母或祖父母有没有经历过家庭或其他创伤？对焦虑之源的研究出乎我们意料，它甚至早在几代人之前就埋下伏笔。有关研究表明，如果父母或祖父母经历过饥荒、第二次世界大战的集中营或卢旺达大屠杀等事件并遭受创伤，就可以发现基因中 DNA 表达方式所受的影响。研究还发现，表观遗传变化与人类应激反应方式之间有一定的联系。这意味着，随着我们的发展，设想后即刻行动的思维能钩织出一幅"蓝图"。这一蓝图让我们变得既异常敏感又高度警惕，这就是焦虑的早期萌芽。

·基于共鸣的方法：当你把内在共鸣带入内心对父母或祖父母的感觉，认同他们的担忧、创伤和深层渴望时，身体会发生什么变化？

哪种压力最让你喘不过气来？这种焦虑看起来更像是一种孤独或悲伤吗？当你想象有一个温暖的存在陪伴着你时，你的身体是不是就放松多了？这说明，你需要有人相伴，排遣孤独。你会因安全感、保护及挚爱之人的幸福而倍感安心和放松吗？这说明你需要帮助，应对恐惧。

·基于共鸣的方法：找出体内那个引导你辨认焦虑情绪的感觉吧。当你引入内在共鸣，让内心需求揣摩温暖和存在情感时，身体会发生什么变化？现在，让我们看一下，当你让身体对确定性或安全感产生渴望时，又会发生什么事情？

你所关心之人的幸福如何？有没有让你连续几夜不眠不休地担忧过的朋友或家人？

·基于共鸣的方法：认同在你担忧背后隐藏着的那种挚爱或深切的忧伤吧。为情绪复杂性、爱情的纠结、温和、恐惧、烦燥、憎恶、苦涩、仇恨、担忧、关心、温柔和无助等情绪词定名，观察一下，当你以最深切的渴望来触及这些情绪时，身体会有何反应？

当我们根据遭受虐待或创伤的早期经历，认定自己有一定的问题时，会感到惶惶不安，因此就会将自我感觉与羞愧、恐惧或嫌弃这些负面情绪挂钩。

·基于共鸣的方法：当你揣摩受到轻蔑或批评的自我有什么需

求和渴望时，身体会有什么变化？当你揣摩接受评价的自我的需求和渴望时，又会发生什么变化？

其他心理健康问题也有可能会造成焦虑。比方说，有50%的抑郁症都伴随着焦虑，两种消极情绪会合二为一。

· 基于共鸣的方法：第十一章和第十二章均含有采用这种共鸣方法治疗抑郁的内容。

我们甚至会因本身的焦虑而变得更加焦虑。如果你正处于焦虑，你会逐渐变得更加焦虑吗？

· 基于共鸣的方法：共鸣、共鸣，还是共鸣。让共鸣对付焦虑本身。

冥想指南5.1：胎儿期的你

小贴士：如果联想胎儿时期的自己，让你感到迟疑或不适，那就跳过本次冥想，在冥想轻声呼唤你时，再回到冥想身边。如果你踏入冥想世界，发现自己比你预想的要心烦意乱，那就先轻缓地停止冥想，然后将注意力转移到你的呼吸上，猜测一下那个心烦的自我想获得的情绪词和需求。

现在感受一下你作为成年人，以一副身体而存在，你身体的哪一部分最先跃入脑中？饱餐后的肚子、疼痛或因不适而引起你注意的躯干？

　　如果你感到不适，那就认同你的感受，询问一下你的注意力："担心身体不适，希望它安然无恙吗？"感谢注意力对你的关心和对身体的警觉。询问一下，不适的身体部分是不是有所恐惧，需要知道自己也是受欣赏的？如果它看起来忧伤，就问一下它是否需要对悲哀的支持或对孤独的认可，抑或是渴望分享他人的满足感？

　　现在，观察一下自己的焦虑底线吧。忐忑不安或心烦意乱到了什么水平？

　　胳膊、腿或肩膀上的肌肉感觉如何，紧张还是放松？眉间和嘴唇周围的面部肌肉又是何种状态呢？

　　这样扫视完你的身体之后，看看注意力是否愿意回到你的呼吸上。呼吸10~15下，尽可能高声且温和地计数，如果注意力游离，那就重新从1数起，一旦数完，那就进入下一个冥想阶段吧。

　　让注意力点燃想象。当身体的一部分重忆往事，回到那个胎儿时期的小不点儿，回到母亲的腹中，会是什么感觉呢？是温暖还是寒冷？栖身的空间绰绰有余还是狭小拥挤？

　　试着联想下母亲又会是什么状态呢？是焦虑、紧张、难过还是害怕，是放松还是舒缓，是得到支持还是孤单一人，会担忧财务安全或者生活稳定吗？作为母亲腹中的小不点儿，你是何感觉，能感受到母亲的情感吗？

　　把注意力转移到从外部观察自己，看到胎儿时的自己温暖地待在母亲子宫，那么，对这个小胎儿，你有何感受？是否有一丝温柔？

　　如此，让另一半的你拥抱内在共鸣吧。想象自己变成温暖和共鸣的金光，照耀小胎儿的"房间"，以关爱和温情孕育这个小生命。

　　如果你并未感受到对这个小不点儿的温柔，那就试着回到受孕前，回到生命即将形成的火花上，问问你是否同意来到这个世界上？忘掉其他冥想，集中在这个火种上，想象一下它是如何开启人生的。

如果你对那个小不点儿有温柔之情，内在共鸣就可以认同你所有对胎儿期的感受，有一些对小不点儿的共鸣猜想。如果这都不是你想要的，那就自己试着猜想这个小不点儿在经历什么，又充满何种渴望。

"你冷吗？需要温暖？"

"感到拥挤吗？渴望得到回应和空间吗？"

"感到焦虑和孤独吗？和你一起的感觉会很好吗？"

"感到孤单害怕，需要安全感和温柔保护吗？"

"担心母亲，希望她没事吗？"

在你关切地爱抚这个小婴儿时，他的身体又会经历什么变化呢？他的身体在放松？如果放松，看看他／她是否愿意同你一起，永远依偎在你的心田。

偶尔，这个小不点儿也会不愿离开母体，如果是这样的话，就告诉他／她，其实他／她已经克服这点并长成大人了。让他明白自己已经属于成人期，无论母亲是否已经离世，她都会跟我们在一起，依偎和沐浴在心中的金色阳光。

偶尔，这个小不点儿也会害怕成人后的内心比不上母体内的温暖，如果真是如此，那你自己就先回到心田中，然后告诉他在那儿发现了什么。如果内心是寒冷的，告诉他你会温暖自己的内心，然后再重新邀请他来。

不过，他会回应你，安于共鸣和理解之地，点燃未来治愈和重聚的希望之光。

无论你在自我转变的冥想过程中发生了什么事，记得要关心和支持那个小不点儿，而他也会欣然接受。

现在，感受着你的呼吸、肺和肋骨，还有呼吸时的那些小动作，重新回到现实中吧。在你回到现实生活之前，观察一下在冥想开始之时留意到的那种全身焦虑的感觉发生了什么，是毫无改变，还是有点变化？不管怎样，感谢自己的存在、竭力治愈以及自我关心的举动吧！带着温柔，重新回到你的日常生活中去。

练习冥想的意义

焦虑对我们影响至深。它触动心率，引发心率变异性（逐次心跳周期差异的变化）并影响血压、免疫系统功能、消化食物的方式、注意力、学习能力、关注力和记忆力、心情、认知、警惕性以及睡眠。当人们没有获得足够的支持，感觉孤独或被世间所遗弃，认为世界很危险，大脑和身体就会呈现分离状态。人类生来就应该活跃于互相支持和温暖的大家庭中。如果我们能感受到支持和温暖，就能够全力以赴，即使这个世界充满危险，我们仍会发现有安全和善意的角落，也会拥有安全感。我们都需要明白：人类可以放眼未来，未来必当光明灿烂——一些人会给予我们莫大的支持，助我们成事；他们也会成为我们生命里重要的人和事。

希望寄语：也许你读到这些词语，认为这绝不可能。人世间存在这样那样的暴力——家庭暴力抑或社会暴力。你的记忆也许会告诉你，你是孤独的；重要的是认识到这个世界其实远比人们想象中还要缺乏支持、有趣、安全和温暖，但即便如此，只要人们努力培养自我同情和理解的能力，就能够更好地分辨出那些善良、有趣和温暖的人群，也可以通过明智的决定，让自己在变得更加安全和建立更好关系的同时，保持内心的正直和完整。即使只是阅读本书也能够给大脑带来一定改变，为自我温暖奠定更坚实的基础。

正如本冥想所述，人们一直都可以借助内在共鸣来游览整个人生。我们将在第六章进一步了解为什么冥想是一种有效且可行的方法以及冥想是如何帮助人们走上幸福道路的。同时，明白温暖始终是治愈之路上最为重要的因素，这一点极为重要。有了自我温暖，人们的情绪循环就可以转变为那种不断变化、流动且回应的依恋循环，这种循环将前额皮质与大脑边缘系统联系在一起，自我理解也就成为可能。有了这个循环，我们就可以让前扣带皮层的仓鼠轮镇静下来；若没有这个循环，我们就成了这个不变世界中冰冷的游子，永远禁锢于痛苦之中。世上的答案本就无错，各自的旅程才是至关重要的。下一章节将描述人生之旅的总体思路。

从焦虑到动态平静之路

当我们练习自我共鸣或被他人投来的共鸣所拥抱时，就可以发现以下变化有助于减少焦虑：

（1）我们为神经元编织舒缓的"小窝"，以宽慰曾经或现时的焦虑。

（2）共鸣有助于平衡大脑化学物质。

（3）我们可以看到行为和行动逐渐变得平衡。

（4）我们开始注意到：世间还是存在着温暖、稳定和可信赖的人。

（5）我们更加信任他人，也更加愿意寻求他人的支持，愿意交朋友。

（6）身体开始觉得舒适，免疫能力增强，开始触及内心平和，实现内心活跃。

审视一下你自己的仓鼠轮吧，那个让你如枯苗望雨般渴望凡事都完美无缺的部分。这是不是希望暂停思考的你？接收本章的问题和信息是何种感受？你是否得到了什么有所帮助的情绪猜想和需求猜想？

第六章将审视时间与创伤的具体要素，帮助人们树立理解心和同情心，当下发生的事情让笼罩在往事旧伤阴影下的人们感到害怕、生气或绝望时，引导人们以同情和理解之心与之共处。此外，这部分内容还为人们回归到资源完备的当下提供坚实的工具。

第六章

心理阴影：越走不出来越痛苦

"我无法摆脱过去的阴影；我成了困顿之兽"

（事实上，"是共鸣载我回到了现在"）

特别记录：一位读者的创伤

"我想要一个广告牌，上面写着：'嗨，哥们儿，我们正在创伤之地探险呢。记得你是有人支持的！如果你想出发，不管多慢都跟随着自己的节奏，哪怕像蜗牛一样也行。别独自打开潘多拉的盒子，适时尘封创伤都是有理由的，对吧？'"

这位读者是正确的，对所受创伤进行冻结和尘封都是有理有据的。本章中，我们将了解断联的记忆是如何保护人们，以及正如你读到的，这些断联的记忆又是如何温柔待人的。如果你愿意的话，就合上书，让自己充分休息，当你处于幻想，身体也随着放松下来的话，那就跳过本章，随心所欲就好。

旧伤是隐藏在大脑中的地雷

你和一个完全陌生的人进行日常对话时，曾产生过"友谊之种正在萌芽"这种感觉吗？猛然之间，脑海迸发出友谊萌芽的宣告或是建议，你的心突然紧张了一下，其实你压根不在意是否还能再见到这个陌生人吧？或者当你听到一首曲子，勾起不堪回首的往事，你就会把播放器给关掉？抑或是嗅到似曾相识的香味或古龙水味，会让你想逃离房间？第二章描述了杏仁核筛查大脑所接收的所有信息中隐藏的危险信号，但尚未详细研究杏仁核的记忆汇集功能。不管你是否了解，人类的杏仁核一直都保存着痛苦或艰难经历带来的感官印象，甚至早在出生之前就已经开始。杏仁核的这种记忆功能生成"预测目录"，告诉大脑和身体现时情况是否安全。

薇薇卡的故事

薇薇卡说："我太蠢了！我怎么什么都想不起来了呢！"这已经是她第三次在女子监狱里听我讲课时这样说了，无论何时，她试图表达什么时，脸都会变红，不知道想要说什么，完全被羞愧感牵绊，止步不前。于是，我就开始向她解释，压力是如何妨碍大脑正常运作并且让我们丧失在学校学习的能力的。当人们认为这种情况并不是事实时，就会判定是自己太过愚蠢。薇薇卡这时哭了起来。

我问道："你为什么觉得你傻？"

她说："一年级的时候，老师让我在全班同学面前朗读，我当时太紧张了，以至于无法看清书上的字迹，她就骂我是傻子。"

"那你愿意与这个一年级的小女孩儿建立一下联系吗？"在得到她的肯定回答之后，我让她想象一下，重新回到那个教室，老师和全班同学都静止不动，那个小女孩儿见到她很高兴。

我问道："她怎么样？在她身体里发生了什么事？"

"她感到身体灼热、通红，无法正常思考。"

我轻声问道："问问她是不是觉得尴尬和羞耻，渴望得到温柔和支持？"

"是！现在她的胸部正在低沉，肩膀也开始下沉。"薇薇卡说道。

"我想知道，她是不是筋疲力尽，不知所措？是不是需要保护和安全感？"

"是！她想让我抱住她，我正在试着这样做。"

"她在你身边放松下来了吗？你是否也感觉到了怀中甜蜜的'负担'？"

"是啊！"薇薇卡说，"但现在我的心犹如一团火。"

"小女孩儿在这个环境中没有得到温柔和关心，你也很窝火和难过吧？"

"是啊！我的确既窝火又难过，五味杂陈。想要所有的孩子都能获得责任感和理解心；想要被重视，尤其是我自己。"

薇薇卡的亲身经历就是创伤阻碍自我温暖的一个实例。随着她跟随身体感觉，接收情绪信号及需求猜想，身体逐渐放松下来。"你是说，这些年我一直在白白地恨自己吗？当时我仅仅是感到害怕和尴尬，却误认为自己就是个傻瓜，做错了事？"她的表情略带滑稽的轻松与生气。在这天之后，她开始在课堂上活跃起来，同时也惊讶地发现其实学习竟然如此轻松，曾经那个胆怯无力的小女孩儿现在能够勇往直前，重新思考了。

这个故事让我们看到，强大的未命名情绪可以让我们暂时止步于某地，停止向前。我们如何才能知道自己受到艰难往事的影响？下列内容就描述了创伤后遗症的征兆和症状：

旧时创伤的征兆

·过激反应（与实际情况所造成的反应相比，表现得过分生气或害怕）。

·侵入式记忆（记忆重复上演，毫无解决办法）。

·噩梦及夜晚受惊。

·突然、毫无征兆地流泪、哭泣或恼怒。

·不喜欢自己。

·毫无根据地厌恶他人。

·感觉无法爱他人。

·持续的羞耻感。

·突然需要控制环境或他人行为。

·持续疲惫、疲劳、不知所措或无法集中注意力。

·情绪麻木，失去快乐和意义。

·过度警觉。

·沉迷死亡。

一旦我们开始了解大脑是如何将创伤经历归类为两种不同的记忆，就可以解释清楚这些征兆和症状到底是怎么回事了。

大脑概念 6.1：记忆的两种方式——内隐记忆和外显记忆

在第一章中，我们学习过大脑内部被称为"大脑边缘系统"（掌心大脑模型中的大拇指）的结构。大脑边缘系统在人类感官、学习及记忆方面发挥着重要作用。人类大脑的主要功能是支持人们的生活，帮助人们记忆最为重要的事情。人们对某事的感觉越强烈，大脑就认定这件事情的重要程度越高，也就越能轻易地记住（比如学习）这件事。杏仁核的功能就是将记忆输入到大脑之后，仅留一个"缺口"。如果一个人曾被一条凶狗咬伤，那么他以后但凡遇到狗，心率就会加快。我们以杏仁核为中心的记忆没有时间戳——我们的杏仁核占据着现在的一切。无论事件发生多久，情绪记忆还是一如既往地强烈，这些记忆会帮助人们理解创伤后在应激压力下回忆的真实质量。"仿佛刚发生的一样"这种记忆特性让明明已经"退役"的士兵跑去寻找掩护，这也是旧时羞耻常常耗时耗力的原因。这些记忆如此执着，以至于一旦我们开始相信它们就会永远在我们的大脑中驻扎，潜伏于神经和情绪中，我们就再也无法摆脱神出鬼没的它们。不过，也正是记忆的鲜活性，为我们治愈旧伤创造了可能。

每当有特别苦难的经历发生时，杏仁核就把这些经历有关的情感输入到记忆中。比方说，在一次车祸中，杏仁核可能会把柴油味和血腥味：翻起褶皱的金属、皮开肉绽的车祸受害者、在场人员惊愕的表情；尖锐刺耳的刹车声、喘息声、汽车门铰链卡住时的嘎吱嘎吱声；伤亡人员扭曲蜷缩的身体姿势或是系在胸前那毫不松懈的安全带"记录在案"。

（如果你曾遭遇过车祸，而这些话也刺激你回想起了往事，那就证明你现在正在经历我们所谈到的杏仁核记忆。情绪可能会因这些再次被勾起的回忆而重现那时的震惊、恐惧、困惑、担忧或害怕。不要逃避得太快，花一点时间看一下到底发生了什么，给经历过那场车祸的你送去温柔和温暖吧，只要说"你肯定是这样想的——人类需要安全感、预知能力以及生存"，看看你的身体会对这样的认同有何反应。）

其他创伤记忆会产生另外的感觉要素，而杏仁核也会将所有这些感觉记录归档，作为威胁生命的危险警告。事实上，这些记忆存在于感觉皮质中，只要杏仁核持续把这些记忆同未经处理的创伤联系在一起，杏仁核就能对它们进行有效编码和索引。这些感觉要素其实并非意识认知的必要存在，只是当相似的感觉或认知出现时，它们才会被再次勾起。

基于杏仁核的学习是一种非常重要的无意识记忆方式。科学家将其称为"**内隐记忆**"。换句话说，无意识记忆由知觉网络组成。这些网络被写入神经中。但凡受到一点刺激，就会在神经元中激起大量的细胞关联——这些神经细胞相互关联形成对事件的生动记忆。将它们集合在一起的话，一个人人生中无数个重大情绪瞬间就会生成一条内隐记忆的冰川。这条冰川的力量无法停止，时而突然暴怒，如泪泉喷涌，时而是一个人骤然产生的无法再忍受一段关系的感觉。在其他时候，内隐记忆的冰川行动异常缓慢，人们甚至都没有注意到它的变化，但是人们仍然在被这座冰川推动着。人们有可能察觉到这种冰川推移所造成的非意识结果，比如，情感麻木、抗拒、自我破坏、争执与愤怒、被忽视的评判、分离，种族以及其他形式的偏见、冷淡和轻蔑、漠然，甚至是压抑。然而与冰川不同的是，这种未知记忆的巨大力量完全能够回应人们正在经历什么样的生活状态，毫无阻隔地把人们推向焦虑、担忧、恐惧、激怒、惊慌、愤怒、愉快和高兴，并在语言上呈现。当人们开始留意、理解并回应这种语言基调时，他们的生活也就随之发生改变。

这条冰川——内隐记忆的表面常和现实经历相互作用——从闪回和羞愧旋涡中就可以一窥真貌。两者均是旧时记忆入侵现实生活，人们却搞不清楚其实往事记忆早已终结。这样的侵入式记忆的痛苦和负担会持续刺激身体和免疫系统，伴随着延期的记忆倒叙这种慢性循环的演变。因此，冰川表面是真正唯一的、人们可以辨识的内隐部分：情绪词与意识世界之间互相作用的阈限空间（从一种状态转换到另一种状态的边界），这个阈限空间有自己的独特风味，下文中我们通过将其与已知记忆或**内隐记忆**比较，进行探索。

在了解第二个内容，即意识形态下的记忆方式时，我先来介绍一下内隐记忆的"明星"：海马体（如图 6.1）。海马体属于大脑边缘系统的一部分，与杏仁核（人类的情绪警报）之间存在大量的神经相互作用。海马体记忆事物的方式就是人们通常认为的大脑记忆的方式。人们习惯于把事物塞进大脑中，需要时再把记忆拿出来。

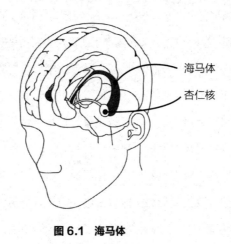

图 6.1　海马体

另外，海马体能够在脑中绘制外在世界的地图，从如何去杂货店到哪些国家与阿根廷交界等问题都囊括其中。海马体帮助人们记忆人类世界和自己生活的故事，并把这些记忆记录归档。这一点对治愈创伤来说非常重要，是给我们的记忆印上时间戳的一部分，因此，我们明白，即使昨日跌倒了，今日还能爬起来，重整旗鼓。而杏仁核与之相反，它认为人们一旦跌倒一次，还会继续跌倒、变得恐惧。

海马体并非以情绪为动力，因此，它和杏仁核不同之处在于，海马体并不患得患失，也不计较生存。这就是说，人们必须努力在不考虑情绪意义的情况下，学习意识知识，就像学习乘法表一样。杏仁核如同一个毫无章法的记忆牛仔，迅速把事情搞定，这与海马体身为勤恳的图书管理员形象截然相反。人们可通过不断重复和练习去记忆，或者可以搭上海马体的舒适"顺风车"，通过建立新的学习与情绪表达——感觉、故事、激情或饥饿之间的联系来记忆。这种记忆的便车以及这两种记忆器官的协同工作方式意味着，如果人类大脑的运作方式与鼠脑相同，人类就会拥有内隐记忆，而这种记忆主要储存在海马体内，却与杏仁核相联系，这种联系进而同情绪世界相关联，带给杏仁核生机和鲜活的气息。

共鸣技巧 6.1：陪伴过去的自我，治愈创伤

自从人体的情绪警报器杏仁核把情绪记忆一直保留至今，时间并没有在治愈创伤上发挥什么作用。创伤后应激压力能够持续数十年而没有什么大的变化。为了实现治愈，作为时间戳的杏仁核与海马体参与其中，将产生极大的帮助作用，因此，人们如何记忆自身

的历史是可以有所改变的。通过创伤解决方案也是有可能实现转移记忆的。

换言之，当人们用同情的内在共鸣去抚慰尘封于未整合记忆中的痛苦时，人们就可以温暖待己了；痛苦是可以抚平的，记忆也能整合起来，成为一个人生命中已知的成长线索。当一大块未知记忆成为已知，也被理解之时，就如同把内隐记忆的冰川切下来一角放进意识的海洋中去。曾经的刺激因素现在被完全理解、整合并烙上时间戳的印记。

三大主要的大脑网络，中央控制网络——帮助人们做计划和采取行动、识别重要性的网络（它告诉我们有什么意义）和我们的老朋友默认模式网络都需要得到修复，以治愈创伤后应激障碍。（三大主要网络如前图1.4）当我们感觉痛苦从记忆中被抹去时，就能开始意识到我们在改变大脑关联模式，也明白了记忆其实并非一成不变的、让我们不断兜圈又回到原点的顽石。我们开始明白，我们会持续丰富自己的人生，让其具有意义。神经系统科学家曾认为，记忆没有构成，也不会永远存在。另一方面，我们每次记忆事物的时候都重新连线记忆。大脑不需要对往事形成完美的记忆，而是当大脑触及记忆时，记忆就自然而然地自动更新，这就可能使得记忆无法那么准确，但也会让记忆更加倾向于关联未来。

让我们看一下这个程序是如何运转的，我们应该如何促进过往关系向积极方向转变。我们对大脑记忆模式越熟悉，就越能帮助我们详细规划进程。此外，了解什么是可能发生的也让我们规划未来行事的目标。不管我们是否愿意前行，都可以眺望和衡量前方的道路。

提醒小贴士：当我们挣扎于往事和痛苦回忆时，不想让心灵再次受伤。如果一个人现在没有受到往事伤痛的侵袭，那就不需要这场时空之旅。如果有想要解决的问题，也没有必要让往事完整再现。我们可以专攻最艰难的时刻，确认这个艰难时刻可以完全融入共鸣中，直至记忆中的身体完全放松下来，并把那个曾饱受痛苦折磨的自己安然无恙地带回到现实中来。还有就是不必操之过急。我们自遭受创伤之时起，就这样煎熬地生存几十年了。

身体进入分离状态是为了生存下去，痛苦记忆的断片也是为了保护我们不陷入更大的绝望。如果在回放某段记忆的一瞬间，你的大脑立刻意识到了这一点，整个事情就可以翻篇，重新来过，让自己与过去达成和解。不过你最好不要独自这样做，如果你有任何疑问或担忧，请向心理咨询师寻求帮助，这样就可以让自己充满温暖和理解。

如果这个过程听起来有道理，你的创伤也不是那么不可救药，那就考虑一下定期做自我连接的练习吧。这个练习有助于我们基于意识选择而做决定，放飞能力清晰思考。让我们来看一下治愈作用的方式：

记忆转移与治愈的过程

1. 非意识阶段：人们在未知往事或幽灵般挥之不去的已知记忆中隐藏的未知感觉支配下生活，它神不知鬼不觉地指挥着人们。

2. 意识的曙光：人们经历了困惑或烦扰的刺激之后，意识到自己的反应程度是不符合现今情况的。

3. 使用治愈工具：我们打量身体，观察感觉产生在哪儿；然后扪心自问："如果这种感觉是一种情绪的话，会是什么情绪？"当我们问自己，如果这种感觉和情绪相似的话，我们是否曾有所感觉？这有助于我们提问："这段经历是否将我们指向需要认知和了解的记忆、年纪或旧时感觉？"如果我们没有找到能够处理的记忆，就看看是否能感觉到一个特定的年龄是与相关回应的身体状态相连接的。无论是否存在一个特定的年龄，我们都可以处理身体感觉所带来的任何意象，进行共鸣治愈，随着影像或身体感觉变化而改变，并在身体放松之前一直进行更多共鸣猜想。这样操作可以让我们确信杏仁核的全部信息都掌控在已接收到的身体感觉和情绪的形式下。让遭受创伤的自我明白，自己其实已经跨过痛苦经历的坎儿了，该回到现实中来了。

提醒小贴士：不要急于告诉那个遭受创伤的自我："一切都已经结束。在过去，人们只有一种方式来摆脱痛苦。"有时作为共情者，我们会过度焦虑，非常渴望治愈伤口，所以会尽力把那些伤口从往事中拔出来，放到现在，却没有完全捕捉它们的悲痛不已和冰冻麻木的状态。伤痛之冰封需要一段时间才能融化，我们应该多花些时间与伤痛和解，这个过程不用一次完成——可以分几次安抚伤痛。这样就可以让海马体开始给记忆贴上时间戳。

请记住让自己变得温暖的一个方式：当我们需要它时，就寻求帮助。对深受伤痛的人们而言，独自去寻求温暖帮助是难以承受的，训练有素且具有治疗经验的心理医生可以给予他们更好的心理疏导，助他们达成所求。在选择心理医生时，要寻求具有温暖感、存在感和陪伴感的医生，以便在治愈之旅提供有回应和共情的心理指导。

在那个饱受创伤的自我与现时的自我共存时，创伤自我偶尔会融入现时的身体，偶尔又会保持分离，尽情享受当下的时光。不管以何种方式，现时的自我都被邀请去体验温暖、释放和关爱感。随着身体的整合，记忆也就随之整合。探索整合过程的人们确信自己已经完全了解儿时的自我，并在将旧时创伤的自我带回到现时自我之前，处理所有身体感知，人们就定能体会到记忆之情境，以一种全新且清晰的编年记录感把记忆放到广阔的人生愿景中。

现时的自我是安全的，看看你的最初状况是否得到了重构或被赋予新的理解。（如下面的冥想指南所示）查看一下困惑或烦扰的触发因素吧。现在你对经历是否有另一番认知了呢？

大脑概念 6.2：腹内侧前额叶皮质

前额皮质的所有构成部分中，负责实现人类目的的最重要区域称为**"腹内侧前额叶皮质"**（见图6.2）。神经网络连接身体与情绪意识，而身体与情绪意识共同作用，平复杏仁核并从杏仁核与控制神经系统、荷尔蒙分泌以及神经递质的脑区相连接中获得温暖，以生成安全及温暖感；腹内侧前额叶皮质就是与这样的神经网络相连接。腹内侧前额叶皮质被认为是默认模式网络的一个组成部分，并因创伤而产生消极影响，且在没有整合的情况下，就可以将默认模式网络的基调朝着抑郁或创伤后应激障碍等痛苦经历的方向进行调整。

对关爱大脑的人们而言，这项最近距离探索并诠释上述变化的研究是借助"恐惧消退"进行的，研究结果显示，创伤后应激障碍涉及杏仁核、海马体以及我们的新朋友——腹内侧前额叶皮质之间的相互作用和反馈。随着这些脑区之间的互动得到修复，变得更加平衡，创伤的自我就能够重整更多的愉快情绪，记忆也就可以盖上时间戳。想要治愈创伤的人们要明白：人类大脑中有一个脑区负责自我温暖的汇集与融合；你在阅读本书时所学的内容正是要激发这种反应。

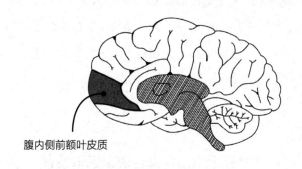

腹内侧前额叶皮质

图6.2 大脑中的腹内侧前额叶皮质

创伤后的背信弃义

创伤本身难以长时间持续，而我们所得到的回应也同等重要。我的咨询者们所遭受的创伤往往并不是最痛苦的，他们想要同他人倾诉自己所受到的冷遇才是最为痛苦的事情。因丢失心爱的宠物而伤心所受到的嘲笑要比失去宠物更难以接受，呵斥孩子们说他们是撒谎精要比告知他们将受虐待更让他们难以接受，告诉人们他们活该这样要比受到体罚或性侵更加让他们难以承受……在同这些经历打交道时，我们可能认为创伤仍无时无刻不在折磨着我们，并且无法获得共鸣。本书则是引导人们走向自我连接的一个有效开端，我们就此想象一下，自己能够获得他人对自身治愈的肯定、引导和支持，即使不是在遭受创伤的时期，这种想象也是很重要的。

2010 年，针对尼泊尔男童士兵的一项研究证实了创伤后被他人对待的方式的重要性。奔赴内战又凯旋的男童士兵受到了其他战友的欢迎，这些男童士兵的创伤后应激压力症状并不明显，然而研究发现那些经历了同样战争，和战友们并肩作战，拼死回来之后却遭受冷遇的男童士兵的创伤后应激压力水平较高。该研究有助于我们了解，创伤的产生其实并不取决于我们所经历的难堪之事，而是事件发生之后他人的态度。（这项研究中的不同之处是被调查的男童都是受过折磨煎熬的，需要特殊的治愈支持）

共鸣技巧 6.2：时光之旅时只专注某一时刻

简单回忆一下曾经的创伤，仅凭空想象那个创伤时刻就令你不知所措和慌乱不已吗？果真如此的话，你就需要他人的陪伴，向治愈创伤的心理医生或利用"哈科米"（Hakomi）疗法以身体体验进行情绪治愈的医师寻求帮助，抑或通过罗森①的方法来给你的治愈之旅提供支持。这种理解身体的支持可以加速治愈疗程，理由是当你独自艰难地抚慰创伤却毫无效果时，这种对于身体理解的支持可以培养强烈的内在共鸣。

当我们需要外界支持的时候，我们又如何才能知道？当我搞不

---

① 美国心理学家。

懂旧时情绪以及需要别人帮助时大脑所放出的"信号",就是当我回想创伤事件以及无处寻找内在共鸣或厌烦经历过创伤的那个自己。这就是我走出去,寻求关爱之手的标记。不同的人所具有的信号也可能不同,比如持续的情绪性胃痛、急促而无法平静的呼吸或者无法引起共鸣想法的恶性循环。

然而,如果你想看到将这种支持融入自身之后是何种体验的话,首先你会问自己:"最重要的时刻是什么?"然后一遍又一遍地不停询问,当我正在同经历过创伤的人们交谈时,我问他们最重要的时刻是什么,得到的回复有两种:"极度恐惧的时刻"(有时这种时刻格外清晰),"被忽视或否定的时刻"——当痛苦产生时,最重要的问题通常是:"有人相信、注意或关心你吗?"

这对于时光之旅来说是很有意思的启示。在上述情况中,记忆须从被自己信任和挚爱之人怀疑时开始。一旦记忆拯救结束,接下来就是对经历过实际创伤的自我救赎了。有时,人们在承认背叛感和共鸣感之后,大脑甚至都回忆不起来经历了什么创伤。人们如何才能知道在记忆中该遵循什么法则?那就是保持并跟随身体感知的启示。

对身心所造成的主要伤害并不仅限于某种创伤。任何过去发生且直到现在仍留给人们伤痛的事都称为创伤,我们唯一要说明的是某些事是否留下创伤,没人有权利告诉你,你的伤痛是虚幻的,不是真实存在的。支持你的人、朋友或心理医生也许明白那个人是真的经历了某种可怕的事,并帮助他将事件定义为创伤事件,这样就给予他莫大的情绪释放。然而,唯有那些真正经历过创伤事件的人才能讲述自己的生活经历,判断对自己而言什么才是真实的。人们偶尔会努力降低他人的痛苦，但不曾想到他人的行为也会存在错误——他人仅仅是因为不能忍受自己的痛苦，想要通过让其他人的情绪消失，从而掌控自己的惊慌和不知所措感罢了。

如果情况如此，我建议你感受一下身边的友情，但先不要相信他们的话。（这听起来可能有点匪夷所思，而且对于那个因冷遇而关闭心门，拒绝回应的自我，你也许需要投以更多的共鸣关爱，但我注意到，获得众多的情绪支持其实就是目的所在。）

你的痛苦是合理且真实的，如果有人与你一起承担，那痛苦就可能不会像现在这样深刻。神经网络之所以让痛苦挥之不去是因为人们并未得到任何支持——帮助神经网络与其他脑区建立联系并让其运转合理。这种支持可以像是温暖共同体的认可和接纳般简单。正如我们在本章节中反复提及的，在人们遭受创伤之后所面对的他人的态度与在创伤事件之后的几年中人们所背负的心理包袱之间有令人惊异的联系。

我们已经了解了一部分背景知识，现在让我们跟随下面的冥想指南，一起踏上时光之旅吧。

冥想指南 6.1：时光之旅的过程

首先，来思考（并非深入研究）一下你想要触及的记忆吧。在思考时，整个记忆当中最强烈的时刻是什么？思考过程的起点就是你的身体感知。在记忆拯救过程中，身体最容易焦躁不安，活跃的身体感知是很重要的，因为这意味着大脑具有神经可塑性且处于改变的待命状态中；不要被情绪压得不知所措，这点也很重要。如果一个人处于情绪洪流（啜泣、失控的痛哭、暴怒、恐惧或分离状态）之中，请想象一下自己转移到了安全的环境，远离了那糟糕的回忆，爆发"雷点"就会降低。尝试一下情绪词猜想与需求猜想吧，直到让身体冷静下来。如果你曾有过相同经历，最好跳过本章节的其余部分，直接与支持你的人，比如心理医生或咨询师来一起拯救记忆吧。

下一步是长时间触及记忆的最激烈部分，从而发现身体上所发生之事的边界，然后从记忆中跳出，进入对内在共鸣的感觉，此时，注意一下记忆所带来的感觉：最激烈的部分是什么？记忆中充满压抑阴森的部分是什么？用精神记事给这样的感受模式做个标记吧。

如果你想要利用一个身体锚点来解决自身的种种问题，一个选择就是用一只手表示仍陷于创伤记忆的那个你；另一只手代表内在共鸣。另一个可能选择就是用两把椅子来隐喻，一把椅子代表记忆，另一把椅子代表内在共鸣，然后你在有意识地转移注意力的同时，也在这两把"椅子"之间来回移动。另一种可能性就是在时光之旅中，利用不同颜色的墨水、惯用手或非惯用手来书写不同的部分，以此来解决自身的各种问题。

现在让我们来唤醒内在共鸣吧。让能够以温柔、包容和温暖之情待己的那个你现身。这时这样的你可以说"这样做当然不易"，然后为自己做需求猜想吧。如果你面对曾经的自己时感觉不到温暖，看看你是否能想起其他可以给你带来温暖的人，让这样的人停留在你的想象中吧。

（我强烈建议在无法温暖曾经遭受创伤的自己时，最好不要独自踏上回忆之旅。如果你想培养这种温暖感，那就重新阅读本书的前几章节吧。另一个选择是，如果你不能独自承受这段回忆之旅，也不想等待自我温暖的培养，那就去寻求懂得共鸣的医师帮你一起完成。）

沉浸到你的呼吸中吧，你是否能感受到迎面而来又拂面而过的呼吸？

在准备踏上这场回忆之旅时，你几乎是屏息以待的。哪个身体部位的感觉最为活跃，即使效果没那么明显？是在你的肺部还是肋骨，还是在你的鼻子、上鼻窦、嘴巴还是喉咙？不论感觉在哪儿，都让呼吸停留在那儿吧。

当你的注意力像往常一样游离时，轻柔地、温暖地把注意力带回到你的呼吸上。多亏了它，你才能对重要事情保持警惕，看它是否愿意回到呼吸的感觉上。

现在，让自己进入那段回忆——你希望平复的创伤回忆或困惑不解的刺激中。感受一下与回忆或困惑经历相关联的身体感觉，然后问自己："我曾有过这种身体感觉吗？"如有，这种感觉产生时最初的记忆是什么？或者，有种熟悉但不清晰的记忆，问问自己："你觉得自己多大？"

如果知道自己正在平复的记忆是什么，想象一下让意识在活跃于创伤经历中的感觉与你对内在共鸣的意识之间切换是一种什么状态。给注意力和小时候饱受艰难经历折磨的那个你带来温暖，同时让自己固定在这种温暖感上吧。

如果你不明白你想平复的回忆是什么，那就问问自己，在这个被刺激到的阶段，你感觉年龄有多大，那个年纪的你对自己的生活又了解多少，你见过并能够回忆起那个时候你的模样吗？如果脑海中没有浮现一个具体的记忆画面，那就通过那个年纪你的笼统记忆继续这场回忆的救赎吧。

将注意力切换到你的内在共鸣的视野中，回到与那个小时候的你建立的关系中。随着你回首那个年龄的自己，是否为他感觉到温柔和温暖呢？

如果没有这种感觉，那就试着给那个不太耐烦的你少许共情猜想吧：看着那个年纪的自己，你是否恼怒和生气；渴望获得力量，甚至是超人般的力量；你因那个时候的自己而感到痛心，想要彻底与那段经历一刀两断，不想再受到他／她的情绪束缚了？注意一下其他身体感觉是否收到需求猜想，让自己更加轻松并从自我同情的视角看待自己。现在，回到你的内在共鸣中，现在能为那个年纪的你感受到温柔吗？如果不能，那先暂停冥想指南，重新回到前几次的冥想中，持续练习数月，然后再回到本次冥想中。

如果你感受到温柔，那就漫步于时间隧道，进入那个年纪的你的心灵空间，把其他人都冰封起来，周围环境变得很安逸。那个年轻的你能够感觉到你的内在共鸣吗？如果不能，那就在年轻自我的经历上进行共情猜想，体验一下回到那个时候的你是一种什么感觉或者如何看待那个时候的你，直至那个年轻的你可以看透现在成年的你为止。你的猜想大体是这样的：你是否不知所措和故步自封，渴望一个安全的世界？担心处于这种情况下的其他人，希望大家都相安无事？你需要对"这样真的很难"这种感觉的认同？随着年纪增长，你开始意识到周边有人相伴，你可以看一下那个时候的你是否了解自己是谁？对年轻的他说："我是成年后的你，你所处的情况对于任何人而言都是难以独自承担的，所以我回来陪着你。"

猜想可包括："你受宠若惊，变得不知所措，需要对你的不幸和所失有认同感吗？"

"你感到恐惧，渴望得到庇护和安全感？"

"你需要生存下去？"

"你因盛怒而颤抖，就像是触摸高压电线一般？"

"你也因为如此盛怒还要克制自己，以防对世界产生危害而感到困惑？"

"这个时刻如此可怕或恐怖，以至于你认为自己实际上已经死了，然后为突然发现自己还活着而感到惊讶？"

随着那个年轻的你的躯体放松下来，轻柔地抚摸他吧，如果他没有排斥这种温柔的肢体接触，就进入他的身体，体会一下这种令人惊讶的支持和温暖。然后回到内在共鸣上，如果他不排斥拥抱，那就感受一下在你怀抱中那个年轻的你的温暖分量。一旦他的身体放松下来，就告诉他，他已经挺过难关了，也需要被冻结在那个时候的能量。然后带着他回到现实中的你。

有时，不同部分的自我融入我们身体，并在心田找到属于他们自己的归属地；有时，他们因有一个玩耍或就近探索的安全环境而高兴不已。无论他们的选择是什么，尽情享受就好。现在把那个部分的自我安放在这个安全环境下感觉如何，是高兴吗？如果你感到温暖、被爱或高兴，闭上双眼，感受一下这些情绪感觉吧，直至它们到达高潮又渐渐退去。

现在，回到呼吸和温暖自我的连接练习上，直至你已经准备好重新回到现实世界中。

练习冥想的意义

本冥想是清除隐秘雷区、更亲密地了解自我以及转变痛苦模式的一个重要过程，这一模式会阻止我们渴望获得亲密关系。有助于在情绪和共鸣的惊人治愈力量产生时，利用大脑自体的能力轻松学习。当我们开始踏上身体感知的节奏，让身体随着呼唤逐渐放松时，就能够得到持续放松，慢慢从过去走向现实世界。

我们触及记忆，解读身体，这样能够明白在时空之旅中所要完成的需求是什么。有时，当我们的思想快速扫过侵入性记忆时，它就像是一根带电的电线一样；而有时，我们觉得自己的脸突然变成厚重的黏土且身体也丧失了移动的动力。我们则开始意识到，如果我们的身体想要对过去的事件做出什么反应，那么无论是调整感受还是突然僵直，一切都能得到处理。

那个受创伤的自我仍会在过去持续下去，当它理解现实具有深刻的暗示意义，从此也就明白了我们热衷于做的那些费解之事。这也解释了突然笼罩人们的黑暗，即无法言语的残酷、无法理解的盛怒或充满泪水和绝望的黑洞。为了更深入地了解这一点，让我们来看一下创伤的不同定义。

创伤与健康

为什么了解和治愈旧创伤是如此重要？因为创伤会吞噬健康，阻止人们成为他们应有的样子。**童年逆境研究**（"ACE 研究"）是一个以 17 000 名儿童为研究对象的大型研究项目，主要针对非健康、成瘾症与早期死亡方面创伤的关联经历。该研究发现，人们童年所经历的各种创伤越多，成年后遭遇糟糕生活的概率就越高。

最初的童年逆境研究所衡量的创伤类型为如下童年经历：

- 和一个酗酒或有问题的饮酒者生活。
- 和瘾君子或药物滥用者，包括滥用处方药的人生活。
- 父母分居或离异。
- 家庭成员中有患抑郁、精神疾病或有自杀行为（自杀未遂或已自杀）的人。
- 家庭成员中有因犯罪而被判监禁或服刑的人。
- 目睹或亲身经历过家暴。
- 语言暴力（遭受辱骂、侮辱或镇压）。
- 性虐待，包括肢体接触或被迫发生性行为。

一个人经历的创伤越多，他遭受困境（如下表所示，但本表并未穷尽所有，经研究表明，有40余项童年逆境的消极结果）的可能性就越高：

- 因健康问题导致生活质量下降。
- 过早接触抽烟。
- 过早接触性行为。
- 青春期妊娠。
- 非计划妊娠。
- 多个性伴侣。

· 患性传播疾病（STD）。

· 酗酒或滥用酒精。

· 非法使用药物。

· 其他成瘾症。

· 抑郁症。

· 遭受亲密伴侣暴力的风险。

· 终生抽烟。

· 胎死腹中。

· 自杀未遂。

· 缺血性心脏疾病。

· 肝病。

· 慢性阻塞性肺疾病。

人们可削弱儿时所遭受的创伤带来的负面影响。自我调节和依附形式上的深刻变化也可随着生活而发生改变。治愈带来大脑整合并改变我们存储记忆的方式。当人们开始以同情之心对待自己，让他人陪伴在侧，一切事情都会变得轻松。大脑发生着大大小小的变化。研究本书所传授的共鸣、正念练习与共鸣注意力方面的研究员们发现，治愈可改变基因的表达方式（外遗传变化）；这种表达方式对健康以及后代子女的潜在健康起到积极的影响。另外，当人们走向难得的安全依附（见第十章和第十四章）时，会为后代生成一种积极的依附模式。

引发健康影响的创伤详细列表

创伤类型主要有四种：第一种是现时创伤或持续悲痛，如不久前发生的灾难、遭受家暴或职场欺凌；第二种是过去的某个单独事件所造成的创伤，如车祸、地震或性骚扰；第三种是反复出现的复杂性创伤，许多不同的创伤交织在一起并循环往复地出现，人们可能会因早期被管教时的依附型创伤而受到影响；第四种是跨代创伤，包括饥荒、战争、极端天气以及通过遗传表现改变父辈以及祖辈等前几代人的依附创伤。当这种代际创伤发生时，人们生来就会带有已经融入他们生物基因、免疫系统以及应激反应中的外遗传变化。

以下是潜在创伤列表（未能详尽），所有针对这些创伤的研究表明，但凡经历过此类创伤，都会对人造成一定的负面影响。那么，你曾经历过何种创伤？

·言语虐待（被起外号、被嘲笑或取笑、遭排挤）——来自同龄人和父母的言语虐待都会给大脑造成不良影响。

·遭受欺辱或社会排挤。

·受到忽视（没有人跟自己说话或正眼看自己；未满 9 岁之前独处 20 分钟或以上；13 岁之前独处 8 个小时或以上；18 岁之前独处两天以上——尤其是在没有被事先告知或被安排的情况下）。

·无家可归、流离失所、迁移。

·车祸或其他灾祸。

·父母一方或双方自缢。

·目睹他人被杀或突然死亡。

· 因暴力、自杀或突然死亡而失去某人。

· 年幼时失去某人。

· 年幼时目睹电视上的暴力行为。

· 目睹或亲身经历家暴。

· 性骚扰、性骚扰未遂或杀人未遂。

· 听到他人的创伤性死亡。

· 地震、洪水或其他自然灾害。

· 抢夺、盗窃、其他入室行窃或车辆入侵。

· 歧视、种族歧视、排挤、偏见或冒犯。

· 贫穷。

· 集体创伤（来自不同社区）。

· 自身的成瘾症或年幼时父母一方或双方的成瘾症。

· 危及生命的病症或慢性疾病的诊断。

· 本应处于无意识状态下接受手术或治疗，过程中突然恢复意识。

· 复杂的出生（父亲也是类似情况）。

· 经历战争或参与战争、军事干涉或有效兵役。

· 成为一名警察。

· 从事救援或康复职业。

· 患有精神疾病，父母一方或双方患有精神疾病。

· 遭受绑架、拘禁或折磨。

· 父母一方或双方、监护人死亡，或被其遗弃而处于无监管状态。

· 性虐待。

· 身体虐待。

不同的创伤类型在大脑所留下的痕迹也不同。一些创伤会影响小脑，一些影响神经元连接，还有一些会对杏仁核与海马体造成一定影响。一个人所经历的创伤类型越多，其神经系统及罹患上成瘾症的可能及对健康所造成的影响就会越大。创伤使人脆弱，人生能量全都被粉碎封闭。正如我们所见，生命力量的缺失会对人的外遗传水平整合、神经细胞应对压力以及人们选择自我关怀的能力造成一定的影响。

让我们来了解一下已知自我与冰封自我是何种状态吧。一部分治愈过程涉及重新搭接旧时记忆的神经网络，旧时记忆被烙上分裂式痛苦的印记，认同自己经历了创伤时所留下的那些深刻感觉。就像之前所提到的，三大主要的大脑功能网络需要在治愈过程（见前图1.4）中得到重新整合。人们需要修复决策及行为的网络，将意义建构网络重新连接起来，重塑积极自我，这意味着要把默认模式网络带回自我温暖的怀抱中。

狡猾的是"痛苦"一词。艰难何时成了现时事件的结果，何处是旧时未治创伤，该如何分辨两者之异？答案就是寻迹身体感知。如果人们观察并感知了身体所发出的感觉信号，就有可能察觉出让自己偏离正常轨道，不能正常应对痛苦的神经网络的线索。如果我们只谈及现时事件，且对这些事件产生共鸣，那么就可以释怀，不会在体内形成压力，也就无需再触及过往。如果我们谈及现时事件时并未得到身体放松，就需要注意一下身体是否触及年少时曾遭受过的类似伤痛。

如果我们始终不审视往事，那么代价则是迷惘。如果我们不回首过去，那么，一旦我们停止哭泣或漂移不定，然后返回自我，就没有办法再去触及那个分离的神经网络，我们会继续迷茫，不知下一场情绪崩溃会在何时不期而至。因此，当我们开始寻迹并关注身体感知时，就需要着手收集改变自己大脑的所需信息。让我们来了解一下对待创伤经历使治愈变得更加可行的一个重要方式。

治愈就是教化生活

当人们反复循环这场记忆救赎之旅时，就能够从旧记忆中萌生新的感觉。一个人被困于汽车残骸中等待救援数个小时，他以为他在独自等待，但当他完成记忆救赎过程并了解到他在车祸后是如何被冻僵的，就会意识到有一个路过的摩托车司机停了下来，陪他一同等待，而他却完全忘记了那个司机的存在。一个被强暴的女人数年间一直在迷惘到底为什么会有这样的厄运发生，现在明白了那个施暴者其实一直在伺机作案。一个深知自己一直在遭受性虐待，却不知何人所为的男人意识到那个施暴者其实就是他的表兄；他以为自己一直都明白，即使在事件的一开始他本不可能那样说。一个在生育过程中命悬一线的女人在开始这场记忆救赎之旅的三年前认为，自己已经身亡且尘封已久，突然惊喜地意识到其实自己和孩子都还安然无恙。在上述事例中，人们对完整性与信心产生了一种全新的感觉。

随着人们回归生活，有时在这种过程中，愤怒的情绪可能会激增甚至达到匪夷所思的偏执，这个时候就需要观察隐藏在愤怒下的生命力量。但也有可能数年都在持续的愤怒中度过，这种愤怒源自于未解决的创伤经历。第七章将探索当人们将同情与共鸣融入愤怒情绪时的潜在情形。

第七章

冲突和矛盾：一起面对问题，
而不是成为问题的对立面

"愤怒是不好的"或"我是一个愤怒之人"
（实际上，"愤怒也可以成为推动力"，而且"人是一
个复杂体，偶尔也会发脾气"）

愤怒的馈赠与负担：利用杏仁核的力量

战胜危险（失去生命、财物或重要之人）需要愤怒及狂躁的助力。人们被迫去保护自身安全、财物以及所爱之人，这种刺激行为表现为发泄的冲动。愤怒本身其实并没有什么错。

人们所采取的愤怒行为或语言造成了麻烦。肢体暴力、报复、惩罚、凌辱或谩骂所表达的愤怒以及"漠视的表亲"——轻蔑都会在大脑中刻上创伤的痕迹。愤怒与轻蔑影响他人的健康与幸福，皮质醇刺激下的持续反击也会对愤怒之人的身体产生严重的影响。

另外，如果人们无法获得生命的能量，也不能实施反击的话，就不能有效维护自己或他人。当人们可以利用这种能量并把其展示得淋漓尽致，自然而然地关心他人时，就能够取得最好效果。但如果不具备强大的自我调节能力，人们就会受制于杏仁核。

"受制于杏仁核"这件事是真的。杏仁核察觉到令人不安的事情，就会在50毫秒内做出神速反应。如果活跃在前额皮质与杏仁核之间的神经纤维并不牢靠，也不习惯以优雅和自我连接的态势调节高压时，过激反应就会占上风。这就是人们在愤怒以及情绪调节紊乱时会做出不明智行为的原因。缺乏牢靠的情绪自我调节，掌管常识的脑区，即"前额皮质"就无法在人们抓狂的时候出来救场。在众多整合情绪的作用下，人们会变得愤怒，继而去感受、表达或是隐藏它，而不是去伤害自己、他人。

回想一下"掌心大脑"（见图 2.1）的样子吧。正常大脑就像是一个攥紧的拳头，除拇指之外的其余四个指头（前额皮质）都包裹住大拇指（大脑边缘系统），调节其作用。现在张开你的手指，这个动作代表着，当杏仁核成为主导力量（虽然实际上前额皮质并不能动，只是在脑成像中变暗而已）时会发生的情况。缺乏自我调节时，前额皮质下线，就像是你发火之后却盲目行动，而不是小心谨慎地做出选择。

对于热爱科学与追求精准的人们来说，前额皮质中可以帮助他们激活自我调节功能的脑区，正是右腹外侧的前额皮质与内侧前额皮质相连的部分。当人们开始对情绪词命名，这些区域就活跃了起来，就像言语共鸣时那样，就像在引导冥想中所模拟的那样。正如第二章所述，情绪词命名可以安抚杏仁核。

对于那些对愈合过程感兴趣的人来说，我们正在巩固并使其更加柔韧的网络是前额皮质－杏仁核－情绪网络，而非实际"行动"的某个网络。重要的是，我们都能学会调节这些强烈的感觉，神经系统科学会帮助我们深入理解。

当前额皮质"休眠"时，人们会向家人或朋友吼叫，言语刻薄或做出轻蔑的举动。人们摧毁人际关系、打破信任、制造伤害。缺乏情绪调节，人们就会变得愤怒，产生伤害他人的行为，或以对墙壁拳打脚踢的方式自残甚至导致骨折；人们疯狂飙车而不顾生命安危，把自己的悲痛情绪宣泄在宠物、伴侣或孩子身上；人们做出不计后果的单方面决定；还会因"有所失"而出现痛苦、懊悔及悔恨的情绪，其中伴随着绝望，因为人们明白这样自暴自弃地发泄情绪已经不是第一次了，而自己其实也并不想这样。

我在女子监狱讲课时，听我讲课的许多服刑人员都说，她们在第一次来听课的时候其实一点都不明白自身愤怒背后所隐藏的情绪，而这些情绪一直掌控着自己。原因归为以下几点：

·无人支持的时候，愤怒充当了坚实的依靠—— 一个对个人而言十分安全且能够自我保护的工具。愤怒将人性弱点打磨并筑起围城，使自己能够在艰难情况下得以生存。

·愤怒是当我们一次又一次地陷入无人聆听自己心声且无望的困境时，所出现的真实感觉。

·愤怒刺激大脑中的多巴胺（一种使人体感觉良好的大脑化学物质，在成瘾症上发挥作用）分泌，因此可能会让幸福的感觉涌入人们心头。

·人们所经历的创伤越多，前额皮质与杏仁核之间建立的牢固神经连接就越密集，这使愤怒更能控制局面。缺乏活跃的前额皮质会让人感到痛苦，也会使人们的行为变得反社会。

如果人体的前额皮质不能发挥积极的作用，人们就会受制于杏仁核，进而表现出强迫症、上成瘾症或下意识的情绪反应。因此，人们学会了通过自我管理的方式来补偿所缺乏的来自积极且内心温暖的父母对自己的照料。正如我们之前所探讨的，这种补偿可能包含愤怒的反应、轻蔑的反击、因害怕而退缩、暴饮暴食、酗酒、参与危险活动及极限运动、家暴、吸毒、吸烟、赌博、疯狂购物或消费、让家庭或工作环境格外干净整洁、以争吵或冲突赶走压力、疯狂工作、沉溺于性行为。我们判断自己的行为是不是为了补偿内心自我调节的无能，可以这样问：要怎样做才能恢复或保持平静？

愤怒是处于危险中或危急时刻的情绪。愤怒可以是神经系统内燃起的火花，熊熊烈火让整个情绪之屋燃尽成灰。愤怒声名狼藉——人们因愤怒之人的暴行受到太多伤害，这些暴行有家暴、欺凌等。愤怒的毁灭性力量常为反击回应的一部分帮助我们活下去。我们常以赶走恐惧或悲伤为基础，为大脑及身体坚信有理有据之事而力争。当我们找到力争理由时，愤怒程度就会降低。有时，甚至可能会因简单的一句询问"是什么令我感到恐惧或让我难过"而平息愤怒。

最不利的愤怒表现方式就是：人们似乎相信如果他们弄明白了谁才是点燃愤怒的罪魁祸首，他们在下个事件中就能扭转乾坤（"你以后会三思而后行的！"），事情也会变得好起来。人们会常常使出这个小伎俩——口口声声地唤着自己"傻瓜"或"白痴"，希望自己下次不再重蹈覆辙。

然而，因责备而心生愤怒会对自我、家庭或社交圈造成消极影响。即使在最好情况下，人们仍会受到情绪伤害，而最差情况下，愤怒还会使关系破裂，留下伤痕，使家人变得恐惧、受到身体伤害甚至死亡。

当我们开始留意并试图摆脱责备心理时，可以在不危及社会与情绪的基础上，借助愤怒的力量使自己安然前行。当愤怒中的责备得以化解，愤怒所带来的负面影响就会得到弱化。让我们来看一下愤怒游走于脑内及体内的内在方式。

大脑概念 7.1：理解体内与脑内的愤怒

杏仁核不仅向大脑传递警告信息，还向身体的其余部位发送化学物质预警的紧急信号。杏仁核将系统的运转"齿轮"调整以回应环境是否安全。大脑化学物质的警报器（皮质醇与肾上腺素）使心跳加速，使血压上升，让人体呼吸加快并将呼吸提到胸腔靠上位置，使能量从小块肌肉转移到大块肌肉上，这样，我们就可以战胜或躲避危险（选择与危险正面交锋或是躲避），如果这样不切实际，我们就开始封闭自我或变得无动于衷。

若想了解杏仁核的机制，那就需要先学习一点有关安全等级的三大身体反应：社会参与、运动（应激）以及"固化"（该词意指人们因放弃梦想而产生的紧张感。传统意义上被称为"冻结"）。人体改变运用能量的方式以及与外部世界的联系，这取决于我们对外部环境安全程度的信赖。这种能量运用转变借助了**迷走神经**的作用；迷走神经是一种鲜为人知的神经束，从体内脊柱与心脏之间游走至颅脑与后背，传递器官与消化系统的信息。（约 80% 的迷走神经纤维走向大脑，约 20% 的神经纤维走向身体其他部位。）

神经生物学家斯蒂芬·波格斯基本认识到了迷走神经对于理解人体的交感神经以及副交感神经系统的重要性，并将"腹侧迷走神经丛"称为高速公路上的快车道。当人们处于休息和放松状态时，腹侧迷走神经丛就会自动在迷走神经中那些高速且有髓鞘的（独立）快车道上飞驰。当人们感到安全，其特有的神经系统认为世道安全（波格斯称其为"安全的神经认知"）时，神经系统就会不断增长及修复，他们非常熟练地掌握自己的社交互动，这就是波格斯有时将这种状态描述为"**社会参与**"的缘由。在此状态下，面部强健的肌肉就会与其他面部组织积极响应，视线聚焦于面孔，同时中耳肌肉也根据声音的音域范围而收紧（更多有关人类回应安全的神经认知内容，参见第十四章）。

随着警报上线，安全感也就下降，身体的运动齿轮就转向应激反应的全身交感神经兴奋中，这就是人们通常所说的应激反应。毫无疑问，愤怒会促使人们进入战斗模式，而恐惧会让人们逃跑。本章描述了应激模式或愤怒的交感神经兴奋。在迷走神经腹侧通路内外有交感神经纤维，它们将或战或逃的信息传递给心脏，同时整个人体对压力的化学信息做出回应。一旦化学信息流涌向身体，人们就不能像情绪平静时那样能够真正地同他人进行程度复杂的交往，这甚至会影响到分析面部表情含义的脑区，将中性表情诠释为一种敌意。

如果人们的或战或逃反应未使其获得安全感，人们就开始感到绝望；或者当人们受到突如其来的打击且成为困顿之兽时，就进入**迷走神经复合体**的固化阶段，放慢迷走神经的通路。背侧迷走神经大多将人体的肠道、肝脏、肾脏以及膈膜下的其他器官反馈信息传递到大脑中，由于迷走神经的这部分纤维无髓鞘，也就是说，其不具有髓磷脂的隔层，不能把能量与信息顺着神经与神经元通路快速传递，因此背侧迷走神经是个慢车道（背侧迷走复合体、固化状态以及分界状态相关信息，参见第九章）。

或战或逃心理刺激下的情绪起伏并不仅仅存在于某一个人身上。作为社交动物，人类不断陷入一个又一个的级联神经网络，这意味着人们在因他人招惹而气急败坏时，应激反应能够在人际交往（口舌之争与观念争执）中形成看似无法阻挡的能量。

因此，如果人们想要变得反应"迟钝"些，改善对愤怒的反应，包括利用好生气的力量，就需要面对皮质醇的雪崩和加速的心率。当我们持续产生被陪伴以及被内在共鸣所关怀的感觉时，我们就朝着转变神经生物反应的目标前进，然后能够更加轻松地融入社会，而不是变得愤怒；更加自然地向他人寻求帮助；展现婴儿寻求父母帮助时那种多变的灵活性及柔韧性。

让我们再次回到潘克塞普的情绪系统研究中，更清晰地了解愤怒在整个身体及大脑中的情况吧。

大脑概念 7.2：关于愤怒

人类与动物共有的一个情绪系统就是愤怒。愤怒的增加与人们感觉受到阻碍或围堵有着直接联系。一个人心中的疑问越多，就会变得越愤怒。当一个人仅受一两个问题困扰时，他会开始变得焦躁或有点恼怒。而当许多问题出现时，他的情绪就会到达沸点（有些人可能濒临绝望崩溃的边缘）。当人们愤怒或狂怒时，他们认为自己不会影响别人。随着体内与脑内的愤怒循环刺激强度加深，肾上腺素水平开始上升，心率与血压也随之增加。如果愤怒刺激强度持续增加，管状视力及听力（只听见或看见事物的消极方面）就开始登场，脸部、手部及足部的供血就会消失。当达到愤怒的极值，人们可能会对他人造成极大的伤害，甚至想不起来曾做过的疯狂之事。所认知的问题越多，人们就越觉得事关重大，也就变得少一些愤怒。

愤怒连续体是当自我感觉事情越来越不那么紧要时，用来观察这些情绪词汇的一种方法。下述愤怒连续体列表列出了从表示轻微不满意开始，情绪强烈直至盛怒等级的词汇（程度顺序打乱）。不同的人对下列词汇的归序方法不同，可以按照自己的实际情况对下列词汇顺序重新排列，以反映出自我对这些词汇的感受强度。

愤怒连续体

不乐意。

不满。

不快。

生气。

发怒。

愤愤不平。

恼怒。

厌恶。

刺激。

抓狂。

愤怒。

气愤。

怒气冲冲。

气得冒烟。

火冒三丈。

怒火中烧、熊熊怒火。

怒不可遏。

咬牙切齿。

对持续反应感到沮丧？那就带着愤怒工作

人类生而困惑。人们会对自己发誓，不再呵斥配偶或孩子，但无济于事，下次牛奶洒了或配偶不忠，抑或他人同样声讨自己时，训斥的扳机就会再次扣动。人们在回应时会发现自己尖酸刻薄、乱发脾气或完全封闭自我，甚至在连自己都搞不明白到底在做什么的时候，就从人际来往中退出。这种混乱状态完全归咎于杏仁核与其自动反应系统。

当个人经历过太多次内心诉求无人倾听、信任崩塌、缺乏安全感、不安或创伤，就会过度刺激杏仁核，使其变得极其敏感，以至于对日常生活中的普通事情也反应过度。这样的情况会恶性循环。一旦体内压力积累到一定程度，日常生活中一些芝麻绿豆大的小事，比如抽屉打不开、指甲剪卡住指甲、计划突然有变或产生分歧就会成为情绪爆发的导火索。

无论人们经历的是一种还是多种特殊的刺激，创造神经系统的可持续性变化的方法就是将共鸣共情植入人们的经历中。接下来的冥想指南通过事后演练进行，定期进行这种练习能够清除已经过期的警报，降低反应及刺激程度。

冥想指南 7.1：事后演练

事后演练就是指人们有意将受到刺激或感到后悔，抑或两种都有的一段经历重新演练，以将共鸣移入那个濒临崩溃且无人陪伴的自我。当曾经的自我感受到温暖和理解，身体就会放松下来，下次再有类似事件发生时就能够拥有新的选择。

小贴士：当一个人感觉到（或明白）自己已经失控或伤害了他人时，就很难做到自我温暖，这时，需要安抚自己说：寻找并培养那个以宽宏之心接纳往事的自我要经历很长时间。人们不断自我惩罚是有原因的。当大脑回放愤怒及自残行为的羞耻记忆时，那个批判的自我也许没有温柔待之，这是因为它不断期望自我惩罚能够阻止事情再次发生。带着这种期望，尝试一下冥想指南吧，看看你是不是能够从中受益。如果你感到不适就随时停下来，感受身体的变化，倾听内心的声音。

从呼吸开始，寻找鲜活的感觉，然后让注意力驻留。继续呼吸，让自我享受温暖的沐浴。在 10~20 次呼吸之后，让注意力回归到曾经痛苦的时刻……当那些记忆在脑海中回放，留意一下你的身体感觉：是哪个时刻让你的身体明白，生气的小火苗又开始蠢蠢欲动？是哪些语言、肢体动作、面部表情或想法成为扣动愤怒扳机的关键因素？此刻停止回忆，封冻相关之人吧。

让注意力转移到身边爱你的人身上，那个只希望你过得好的人。当你回首往事，看到那个处在愤怒爆发边缘的你，有没有感到一丝温暖和理解？还是那个自我让你感到心烦意乱，担忧不已？如果你没有感受到温暖，就没有完全找到内在共鸣。

一旦你连接上了那个同情愤怒的内在共鸣，那就继续进行冥想吧。如果你没能连接上，那就先跳过冥想，继续阅读下一个部分的内容，看看你是否能够建立共情的内心世界，在阅读完本书之后再回到冥想中来，看看是否能发现有更为坚实的根基实现自我连接。

在共鸣状态下，首先对现在担忧或后悔的自我进行一下共情猜想。（也许他需要希望、信仰或信任？担心这种情况下或者担心自己不能吸取教训或治愈伤痛？）

此时，激活你的内在共鸣，以温暖之情看待过去的自我。踏上时空之旅回到过去，让他感到不再孤单。那个愤怒的自我能否感受到这种接纳，使自己安心？让意识在愤怒的自我与多层次的自我见证之间切换，让自我见证认同你的身体感知及情绪强度，再根据你的身体感知，预测一下情绪及需求。

如果出现胃部痉挛症状，你是否感到恐惧和不知所措？你是否担忧安定性、可预测性及尊重化为泡影？你是否想要尽可能地抓住一些救命稻草，贴近事情的真相？你是否害怕他人的放弃？是否在极力抨击无望？你是否疲惫不堪，需要支持，但又感到无法得到支持？

再次感受一下你的身体吧。如果新感觉或稍有不同的感觉是一种情绪，那会是哪一种？让你的内在共鸣产生更多的情感，尝试更多的需求猜测，直至身体能够在一触即发的回忆中放松下来。让自己想象一下采取不同的行动、不同的语言表达会怎样。现在，让自己放松下来，恢复呼吸状态，结束整个事后演练过程。

练习冥想的意义

进行这样的冥想，下列的一些事项能够提供一定帮助。首先，当我们每天或每周辨别情绪触发点并与其打交道时，就是一种培养自我注意的实践练习，这种实践也就是改变的基础；其次，我们可以利用事后演练的方式将尚未爆炸的情绪地雷从往事中剔除，此过程利用了第六章所学的治愈之时空之旅内容；再次，无论何时，只要我们将内在共鸣与痛苦建立联系，让自己变得舒服，得到宽慰，都是在增强自我调节的能力。

我们更好地调节自我，就会减少过激反应，变得更加有韧性情绪更加稳定。在身体方面，我们更加踏实稳固，再次面对那些曾经伤心不已的往事也不会失去对安全感的认知，泰然处之。当我们稳步前行，在社会交往中变得更主动，少受应激反应以及固化反应的控制。在行动之前，我们的思索及选择的能力会得到提高。

哪种力量有助于将破坏生活的愤怒转变为生活服务的自我关怀、自我表达以及对自己与他人的劝导？如果我们对他人动机抱以善意的猜测，而不是简单假设他们心怀恶意，那么就会减少自己对他人行为的愤怒程度。下文将告诉大家一个通过向外释放新的共鸣以寻找他人行为中积极动机的方式。

共鸣技巧 7.1：双方共鸣

首先，让自己回想一下最富有挑战性的人际关系。选择一段关系或百分百确定他人会恶意伤害你的时刻。

将一张纸折叠，然后展开，在纸张最上面写上这段关系中的一个主要问题，也就是让你恼火的问题，比如："伴侣不在家的时候很少给我打电话。"在这句话下面再注释一下当你想到这件事时身体感觉如何，比如"胃部难受、呼吸不畅或嘴角下沉"。

现在回看一下第三章的"不快"情绪词列表，在纸的左边写上你对那段经历的所有感受。

在你写完所有感觉词语之后，翻到第四章的人类需求与价值部分。在每个感觉词语旁边写上当你思考这个行为时对于自己来说较为重要的价值，比如，感觉词语可以是沮丧、孤独、愤怒及不耐烦。如果你写下每个感觉词语并对自己说"我确实是这种感觉"，你就会发现你的感觉背后所隐藏的潜在需求。与上例的感觉词语相对应的价值可以是连接、温暖、认同及陪伴。

现在，让我们来检查一下身体感觉。身体感觉已经完全转变了吗？如果这个练习让你有那么一点点放松，那就翻过这一页，想象并写下他人可能存在的身体感知、感觉及需要。

在离家之后很少给家人打电话的场景中，家人可能正深陷于伤心难过之中，无法想象离家之人察觉之后自己还能继续若无其事；或者对家中情况感到担忧和失望，想要省点精力和力气。这个离家之人或许有某种压迫感，感到恼怒，渴望独立、安逸、自由或正如你在列表中所看到的其他需求。

现在，再回想一下那段关系吧，宽容一些，无论是对自己、伴侣、孩子、朋友、合作伙伴、老板还是邻居。

以宽容之心回想那段经历和关系是很重要的。如果你在想起对方的时候还有丝丝痛苦，那就在你的身体感觉上多花点时间吧，在重新审视你的痛苦之前，先问一问身体感觉想表达的情绪到底是什么，背后隐藏的需求是什么。有时，遇上棘手的事情时，我会把大部分需求写在纸的左边。在我们要求自己站在他人立场上考虑事情之前，先让自己的身体放松下来，这是很重要的。

我们可以采取不同方式做这项练习。有时，认真地与自己交谈，认真地对待他人，可以让自己向对方敞开心扉，这可以成为亲切探讨某个遗留问题的基础。审视在某个既定情形下未达成的所有需求，可以帮助我们让生活变得丰富多彩。重要的是，我们开始见证并相信自己的感受及渴望都是有意义的。

人们逐渐认为感觉是重要的，当他们传递对人生幸福至关重要且有价值的信息时，就发现关系中存在问题的根本原因一般在于以不同方式表达同一需求。比如上述所提到的，在出行与交流相关的共鸣技巧练习中，离家的伴侣渴望得到亲密感；奇怪的是，在旅行中不向家里打电话的伴侣也可能渴望亲密感，但同时又对通过电话进行任何有深度的联系感到恐惧和绝望。

我们从来不曾了解这些问题，直至与出现在我们生命中的人们一起探索这些问题的答案，把我们的好奇心带入讨论中去。如果我们与他人建立了长期且重要的关系，但这些人却不情愿或不能进行讨论或交流，我们就会发现，保持沉默并就事情的情况对自己进行敞开心扉的猜测，足以为对话双方提供一点喘息的空间。当我们逐渐意识到在人际关系中所感受到的喜悦及亲密感时，就开始寻找机会在自己的人生中建立更多暖心的关系，以补充已有关系。

这就像是与人类有关的一个古老秘密一样，人与人之间那种与生俱来的相互理解的能力使内心得以平静，但我们却忘记如何去做。当我们敞开心扉，就开始走近他人。现在，我们明白了他人以一颗温暖的好奇心对自己的经历报以关怀是何种感觉，当这种好奇心缺乏时，我们会开始想念。同时，我们也能更好地以共鸣回应自我。孤独时，自相矛盾时，我们会更好地观察自己，也更善于与孤独相处。

用友善的方式表达愤怒

一种毫无伤害、可调节的愤怒表达方式正在走进现实，这需要人们与自己的身体感觉密切联系，大声说出身体感觉词汇，并将这些词汇与最深层的价值结合起来。比如说，想象一下，伴侣认为你在撒谎或隐瞒了什么事，但你明白这不是真的，而且非常生气，你可能会说："我感觉自己现在火冒三丈，简直一触即发。我拳头紧攥，脚趾蜷缩，胸中如泰山压顶一般沉重，完全无法思考，都能听到嗓子眼儿的颤抖了。让他人了解我的意图对我而言是很重要的。坦诚是最基本的，我想被他人所了解，想与他人分享真实。"

这样表达之后，无论你的声调有多高，都没有任何需要解决的麻烦。你并没有冒犯你的伴侣或谈及他的感觉、对你的想法以及对你做的事。你始终是你，坦率又脆弱。你的伴侣能够听到真实的、你的强烈心声。

然而，这种直接表达愤怒的方式可能对你还不太适用。如果你在表达中融入了责备、轻蔑、恐吓或暴力行为，那就有责任把这些言语带来的负面影响都抹除。责备、轻蔑、恐吓或暴力都太过于伤害身边人的大脑、身体及免疫系统了，意识到这点是很重要的。

当愤怒留下伤痕

当我们在表达愤怒时羞辱或恐吓了他人，就需要对此负责。不管我们认为这样表达是多么有理有据，也不管我们多么相信自己的表达方式，轻蔑及恐惧都会给对方留下伤疤和创伤。

即使当某人已不再抓狂，他的愤怒表现仍然令身边的人充满恐惧。愤怒是一种强大的力量，当孩子成为大人宣泄愤怒的工具，一切都会变得惊悚和狂躁（目睹家暴是在大脑留下创伤后遗症的一种方式）。

当孩子或弱势群体遭受家暴时，他们很难甚至完全不能获得任何保护力量。日后，他们发誓不再愤怒，因为明白愤怒所带来的伤害。愤怒时，他们的神经系统也许会变得麻痹，因为只有这样做才能逃避儿时（或成人）的恐惧，因此，在他人生气或羞辱自己时，他们便无计可施，这样可能会夺去他们自我保护的能力。

自我共鸣之旅的一个重要部分就是学会用一种敬畏的态度表达愤怒。当我们明白自己无法和伴侣、家人及朋友以这种方式相处时，就会想要认同自己的愤怒对他们所造成的伤害。下面是认同表达的一种方式，即"修补"。

共鸣技巧 7.2：修补关系

有效的修补方法由以下五个步骤组成：

（1）确定你已经得到了足够的情绪支持，你不再因自己的行为或因你认为他人所造成的不当行为而感到愤怒。你在开始考虑修补之前（如上）需要先做一下事后演练。如果你正在怪罪于人或认为某人所做之事导致你情绪失控，抑或是希望那个人能够承认他的过失，则说明你可能还没有达到情绪修补的条件，你目前所需要的是对话而非修补（如果你想责备他人，则需要获得更多的支持与同情）。

（2）问一下别人是否愿意接受修补。这里有一个教你如何开口询问的例子："我对自己曾说过的话或做过的事感到抱歉。你是否愿意听我表达一下我的懊悔？"

（3）尽可能简单扼要地复述一下自己的懊悔之事。

（4）问一下别人，听你讲述感情爆发、情绪失控的故事后，他的反应是什么。

（5）让对方明白，自己听完对方讲述他的反应之后是何种感受以及所受影响如何。你可以用口头表达方式做出反馈，也可以使用肢体语言或保持沉默等，但在这种情况下，人们可能会觉得你实际上没有在倾听自己的心声，所以在谈话最后，也可以问一下对方是否感受到了被倾听，或者用你自己的语言来询问对方的经历。

也许，你从未听过有人以这种方式修补关系，在北美洲及欧洲社会中确实非常少见，大多数人都是以简单一句"是我不对"或者"对不起"就匆匆忙忙结束道歉，从来不询问对方的感受，而是告知我为什么会那样做，比如说："你那时……让我太生气了"或者"那件事情真是让我太难过了……"。关系修补不易，它值得人们付出和努力，若想把一段关系修补完整，需要人们长时间的努力。

特别难的一种关系修补情况是治愈那些儿时父母所带来的伤害。这种伤害如噩梦一般，即使时光荏苒几十年，仍会在心头挥之不去，让人无法享受家庭的温暖和亲密。下面是修补此种关系的一些特殊处方。

成年人与子女关系的修补

假如你明白无论孩子多大，关系修复都是将健康亲密的关系与疏远且病态的关系分割开来的工具，那么就会有一丝安慰。如果你想同一位已成年的孩子谈论自己对于为人父母的看法，情景可能是这样的：

选择一个你的孩子能记住，同时也能诠释你本人观点的事件，问："你还记得我与你……的那个时候吗？"

如果孩子说记得，话题继续；如果孩子说不记得，那你就说你仍记得，然后问一下孩子能否继续聊这个话题，如果孩子说可以，那就继续聊，如果孩子不愿意，那就尊重孩子的意见。让孩子明白如果他想谈这个事情，你愿意陪他聊聊。问问孩子，你能否查看一下一年之后的日子，如果孩子同意，那就在日历上标注一下以提醒自己记住。

如果孩子说可以，那你就这样表达："当我想起那件事，便沉浸在自己的痛苦中，而没能告诉你在你身上发生了什么事。我们之间貌似存在一个误会，我既没有看到童年时期的你，也没有去了解你。你的感觉如何？"

如果孩子说，你应该卸掉防御心理，好好倾听。如果你能做到，再做一次对孩子而言可能是最为重要的事情，或这样说："是这样的。"在孩子给予回应期间忍住不要道歉，坚持到最后一刻，除非你的孩子主动要求你道歉。最后，如果你感觉应该要做些什么，那么应该这样道歉："真的很对不起！我很后悔未能给予你关怀和情绪回应。现在回想起这些，我感到 ×× （命名一下你的身体感觉），而且我多么希望那时能在你身边。"

如果你想为自己辩护或者责备孩子太不讲理、没有做好应该做的事情，那就先保持镇静，做个深呼吸，然后尽可能地按计划来。这样练习是为了孩子而不是为了自己，你需要从其他渠道摆脱痛苦。

共鸣初练者小贴士：也许你在练习共鸣初期，对自己没有这么多情绪描述，但只要有这种想法，即使只是保持安静也会让你有很大改变。记住这一点，以此作为一切行动的原则，甚至把对孩子或伴侣的吼叫也假设是生活的一部分。先不用管共鸣词语是什么，也不用做情绪词猜测，只要先记住这个行动原则，就会发挥巨大的作用。

这种修补方法是整体的一部分，是多年来那些小修补过程中的治愈性的交流。

在过去几年同孩子的交谈中，他们可能会提及往事，倾诉更多与情绪影响相关的内容。重要的是，父母已准备好来聆听孩子所说的任何话。这种敞开心扉修复关系的方法可以让孩子、配偶以及朋友明白他们是重要的。互相交流自己的弱点能够提高信任并让每个人都愿意开诚布公。

改变对待愤怒的四大重要技巧如下：

·学会做事后演练：每次不情愿又控制不住地发怒或做一些意料外的举动时，就跟随本章的冥想指南，不断进行自我同情、自我理解与自我调节的练习，直至自己可以轻松自如地掌握为止。

·愤怒中的自我共情（见第五章的"共鸣技巧"5.1）：自我共情开始之时，你也许会仅在崩溃前几秒钟才想起，这次的反应要有所不同。然后，你继续一边练习冥想一边摸索着建立自我连接，此时会突然发现，自己能够让注意力停留在呼吸上更长久一点，把崩溃拒之门外。最终，你将找到属于自己的内在共鸣，让曾经被激怒的自己变得平静。

·学会干脆地表达愤怒，而非责备：在困难情况下思考一下生活深层次的价值（见第四章）。给身体感觉、情绪及需求命名是很有帮助的，因为在我们体内让前额皮质"脚踏实地"地发挥作用，同时在不伤害自己或他人的基础上让情绪涌向身体，这可以说是一种艺术形式，也是最难的技能，因为愤怒时的身体感觉会令人痛苦不堪，就算人们已经掌握了其他技能也无济于事。不然，人们会任凭愤怒肆虐，风平浪静之后再道歉和修补。如果愤怒爆发时难以控制，那就温柔待己，不苛求过失。比如我们常说："你个白痴，为什么会那样做？"我们要学会说："我太生气了！我紧握拳头，内心在遭受重击，真想让别人对此负责，想得到关心！对你、对我们和这个家庭来说，我太可怕了！"

·学会有效修补：这是我们试着控制愤怒时可以实施的一个最重要的技能。有效修补指在情绪失控、对别人施加暴力，或用责备的语言、行动批判别人等一系列我们本不情愿做的一些举动后，实施一些合适、能够见效的修补措施。

在探索应激反应和愤怒系统之后，我们就能够更加清晰地了解人类的深层思维模式与过往经历在回应自己是否相信自身是安全的，且自己至关重要这两方面所发挥的实际作用。第八章讲述的是恐惧与应激反应对这两方面所施加的影响。

第八章

安全感:随时准备战斗的人

其实最脆弱

"世间险恶,我也危如朝露"

(事实上,"所有不安因素都已被现实的安全给

击破,我终于可以在安全港湾中栖息了")

惶惶度日

世道险恶，生存不易。在充满危险的世界里，人们需要时刻警觉，甚至全副武装。保持高度警觉的人们，其神经系统从来没有完全放松下来过，也不能真正地享受生活。这种情况下，人们的创造力减退，学习近乎不能实现，视野也受阻。

人体的每个细胞都处在应付紧张生活的状态（无论是身体紧绷和皮质醇水平增高，还是皮质醇缺乏导致机体疲劳）。正如我们在第七章中所讨论的应激反应一样，人体在应激或恐惧反应中，双肺呼吸反应弱，肌肉持续绷紧，消化系统停止运行；喉咙有紧缩感，面部与心率对人际关系或细微差别无反应，免疫系统产生抵抗传染病的细胞而非搜寻治疗病毒或癌症的细胞，甚至眼睛也不能闲着，东张西望。人们将自己的身体视为警惕危险的生存武器。这对于自身而言是一个非常不同的生活环境。

无论是愤怒还是恐惧，都不会将我们带入默认模式网络中，因为外界太过于关注这两种情绪状态以至于默认模式网络不会采取行动。但含有愤怒及恐惧情绪的消极想法也是默认模式网络运行中的一个环节。消极想法可在愤怒及恐惧爆发后产生影响，除非安慰、理解与温暖能够抚慰前期烦乱的心绪状态。

由于恐惧，人们会进入警觉状态，这会阻碍人们观察他人身上所发生的细微变化。处于这种状态下的人们尝试管理、控制并限制环境使其变得安全，否则他们就不得不生活在恐惧的内心纷扰中，就会濒临崩溃。这是因为人们对于安全的神经认知（健全的安全感体系让神经系统本身认为没有什么可怕的事情）是人体的首要需求。如果人们感觉身陷危险之中，身体就不会放松。

确定"没有什么人身威胁"是对于安全感的一部分神经认知。鉴于人类是一种社会动物，对于安全感的另一部分神经认知则来自社会环境所发生之事。我们归身边人所属吗？我们重要吗？我们说的话，他们会听吗？

另一个非常重要的问题就是群体中权力是如何掌执的。如果某人具有决策权，这个人的权力比我们大，那他会优待我们吗？他是否会公平对待所有人？他会公开表露真实本性吗？他会做出温暖待人的榜样，然后家庭或社区成员纷纷效仿，以温暖传递温暖吗？

有助于培养安全感的品质

· 归属感。

· 重要性。

· 安全感。

· 尊重。

· 关心。

· 考虑。

· 被倾听。

· 预测。

· 信任。

· 尊严。

· 认同。

· 坦率。

· 责任感。

· 自我负责。

有助于创造、放松及休闲的品质

· 温暖。

· 愉悦与好奇。

· 接纳。

· 欣赏。

· 温柔。

你想要在上述列表中添加一些能培养安全感、提升创造力的词语吗？

你的童年时期安全吗？现在呢？

回顾一下能产生安全感与舒缓感的品质吧，思考一下从你出生之日起的八年中，父母或其他监护人是如何对待你的。上述哪些词汇出现在你的童年时期？当你与父亲或母亲独处时，环境是否有所改变？父母都在侧的时候环境是否发生了改变？在自己的一个兄弟姐妹出生或离家前后是否发生了改变？父母在工作期间和非工作期间是否有什么变化？在周末和假日期间又会产生什么不同？

回想一下你的早教环境。你的早教老师待你是否如春风相沐，鼓励你，相信你的学习能力？

你可能会回想起第六章中，我们学习创伤相关知识时了解到，海马体是标记人们短时经历的记忆器官，而杏仁核对海马体所存记忆相关的时间没有任何感觉。如果我们自幼生活在毫无支持或鼓励的世界中，与杏仁核相关的记忆网络可能会认为，我们现在仍生活在那样的世界中，即使我们身边的人与我们的原生家庭是那么不同。

试着用共鸣与那个儿时的你建立一下连接吧。运用一些技能，如认同、尊重、鼓励等来对待儿时的你，那个感到非常不安的你。儿时的你感到害怕是由多种因素造成的，如果有恐惧之事，究竟有多恐惧？让我们来探索一下。

恐惧连续体

人们在想到恐惧以及恐惧感是如何蔓延的时候，就会停止对"可怕""恐惧"事物的讨论。随着恐惧的加剧，逐渐加重的焦虑感所带来的阴影笼罩在他们身上。本章讲述处于焦虑与恐怖之间，也就是不同恐惧程度是如何影响人体神经系统，将人们带入大脑与身体的应激反应的。让我们来看一下描述恐惧程度逐渐增长的词汇，也就是构成恐惧连续体的一些情绪词语。在你阅读下列词语列表的过程中，注意

一下你最为熟悉的恐惧状态有哪些。再次强调，词语排列顺序因个人
情况不同会有一些细微差别，可以根据自己的情况来调整顺序。

恐惧连续体

- 担心。

- 不安。

- 忧虑。

- 警戒。

- 关切。

- 紧张。

- 胆怯。

- 担忧。

- 焦虑（在悲伤连续体中会出现另一种不同的意义）。

- 忧心。

- 烦乱。

- 沮丧。

- 警告。

- 惊吓。

- 恐惧。

- 惧怕。

- 惊慌。

- 惊骇（也包括厌恶和憎恶）。

- 恐怖。

思考一下哪种恐惧状态是自己最为熟悉的。当自己身处那些状态时身体感觉如何？你在渴望什么？安全，还是承认这种安全是不可能的？你需要保护，被温柔以待？你确定可以独自解决事情吗？是否渴望能够在一个不会被伤害或隐蔽的地方观望他人，直至确定自己是安全的？

为了了解恐惧对人们所造成的生理上的创伤，下一章节会探索恐惧对大脑及身体的影响。

大脑概念 8.1：逃避——了解身体与大脑中的恐惧

当危险信号加强，杏仁核也随之变得更加活跃。大脑的主要目的在于让人体保持活跃及安全状态。就如你所知，人体的杏仁核每秒钟扫描接收信息达 12~100 次，并查看我们是否注意到任何警报或对情绪重要的信息。当杏仁核这样扫描时，其通过脑干和身体上产生危险征兆的脑区向身体传递警报信息。另外，杏仁核解码身体语言，将其转化为原始情绪，然后再把信息传递给表达情感的脑区。

随着警报传递，身体的危险征兆也随之扩散，神经系统变换运转方向：从拥有安全感切换到应激状态。在这一过程中，人们可能会感受到恐惧信号（如下所示）加强。下面哪种经历你似曾相识？

· 心跳加速。

· 血压升高。

· 仅靠胸腔浅呼吸。

· 呼吸频率加快。

· 口腔干燥。

· 心悸。

· 惊吓反应增加。

· 皮肤温度整体偏低。

· 腿部皮肤温度升高。

· 手心出汗。

· 肠胃不适。

· 很难做细活,比如不能将钥匙插入锁眼中。

· 心跳剧烈。

· 逃避或拒绝联系。

整合潘克塞普的恐惧系统

与关心系统、愤怒系统一样,人类也存在恐惧系统。当整个人体卷入恐惧所带来的应激状态时,脑内的能量流与信息流涌入愤怒系统中,在杏仁核中部至下丘脑之间上下游动,传递危险信号的化学流,然后自行向下流经脑干到达身体。

我们不应在没有恐惧的情况下生活,因为恐惧使我们安全,让人体系统警惕并摆脱危险。我们不愿消除自有的警觉能力,想要变得更加灵活、有韧性,能轻易地从危险中抽身而出,恢复正常。

恐惧、注意力及智力

如果我们不具备灵活性，一切事情就会变得很困难。过度警惕，却缺乏专注，这种状态与注意缺陷多动障碍（ADHD），即多动症相似。当人们学习困难时，常认为自己愚蠢或存在智力缺陷；大脑难以整合新信息的根本原因在于人们曾经处在危险环境，大脑动用所有资源确保自己能够存活下来，而不是学会算数、拼写或历史。处于恐怖压力下的人们从未有机会了解他们自己实际上多么聪明，这是因为他们的大脑曾在数年中遭受了一种化学物质的侵袭，这种化学物质会让人体能力丧失从而不断处于重压之下。

有一些人是真正的天才，轻松记住多种知识的同时，还能够熟练运用，但绝大多数还只是普通人而已。培养充分发挥才智的能力可从以下几点入手：

·感觉很安全，能用思维探索世界、整合信息并对知识充满好奇心。

·感觉很安全，能专注于想学的知识。

·在丰富多彩的环境下探索事物奥妙。

·从群体中获得支持与指导。

共鸣技巧 8.1：给畏惧的自我带来温暖的好奇与共鸣

如果一个人在缺乏预测性、安全感及尊重的环境下生活，那就可能很难想象世界上是否还有其他安全的地方。休息对于安全感的神经认知能够给予极大的支持，花时间去构想一下，在虐待和忽视之外，这个世界上还是充满着信任、温暖及自由的。如果人们可以想象出这样的安全环境，就可以让思绪停留在那里，当身体处在自我感觉安全的环境下，各种功能开始正常运转时，身体就可以稍微放松一下，享受片刻时光。

并不是所有人所设想的安全港湾都千篇一律。有些人在其安乐窝中加入了幻想的小屋，屋里布满了儿时的自己喜欢的所有东西；有些人则幻想浇筑巨大的混凝土围墙，四面环绕着森林，林中有松软的绿色苔藓和野生动物。一些人实际上所打造的房子并不是想象中的模样，因为他们认为那样的房子并不安全；一些人需要把儿时的自我逐放到一个距离很远的星球上；一些人则需要在大山一侧建造一座玻璃房，可以看到几公里之外过往的人们；还有一些人则将儿时的自我永远封存于内心世界。幻想并打造自己的安全港湾是没有错的，每个人的港湾都是真正适合自己的小家。

下面的冥想指南将带领你打造一个想象中或心中认为十分安全的港湾，那里会包容并接纳你的全部，让你找到庇护所。

冥想指南 8.1：找寻你的安全港湾

做个深呼吸，在完全放松的状态下，你的呼吸最远能够触及肺部哪个位置呢？如果你处在警惕或警觉状态，呼吸就会感到受限，也不会畅游到多远的地方。如果你感到呼吸受限，让你的内在共鸣化为一盏柔光灯，照亮受阻中的肺部细胞，问一下，它们是否曾经惊恐不已，以至于停止了呼吸？是否明白一切都是安全的，它们也仍然过得好好的？

继续保持呼吸，无论舒缓的呼吸畅游到何处，你都跟随着它吧，不要强迫它，只把注意力带到在肺中自然勾画形状的呼吸上即可。

伴随着呼吸，你可能会发现注意力被吸引到了别的事物上，比如担心突如其来的噪声、对社会平衡感到焦虑、想起本应做的事或是计划。无论何时你发现注意力有所偏离，都轻柔地将它带回到你的呼吸上。注意力可以畅游到任何地方，让自身感到安全，所以让它感受到你的感激及温暖之心，轻柔地将它带回到你的呼吸上来。

现在，让身心沉浸于想象之中，想象一处你所爱之地，它可以是大自然中真实存在的一处地方、一栋特殊的房子或虚构的梦境。让自己把这里打造成普通手段无法触及的神秘之地，该地环绕着无法跨越的壕沟或森林，抑或是将这个神秘之地建造在高山或无名峡谷中，任何人想要进入或越过该地都会迷路，唯有自己和自己邀请的人才能进入。

这个神秘之地看起来会是什么样的呢？房屋内的陈设又是何种样子？你的审美如何？这就是你的安全港湾，可以随着自己的想象让它变得美丽、舒适且充满内涵。屋内味道怎样？你听到了什么声音？站在屋内，你脚下的触感又如何？当你坐下时又有什么感觉？

天气和温度怎样？有风吗？有雾，有太阳还是有云？

你喜爱的食物、书、音乐和电影是什么？你会把什么东西带到这个小屋内让自己开心？

在这个小屋内你和谁在一起会觉得舒服？所爱之人还是宠物？

在小屋内身体要做什么？你的胃放松了吗？你的心跳及呼吸发

生了什么变化？

闭上眼睛，让自己在小屋内尽情享受片刻，把这个安全舒适的小屋介绍给需要安全之地的那个你休憩一下。让自己明白你可以决定谁可以进入这个小屋，谁需要离开。做决定的感觉如何？

让自己明白在这里你可以按照自己的意愿做决定。自由的感觉如何？

当准备就绪时，将你的注意力带回到呼吸和它在肺内刻画的形状中来吧，回到与你的注意力所建立的温暖连接上，轻轻地将自己带回到现在。

睁开眼睛，看到身边有什么了吗？此时你是否真正感受到了安全？是的话，给自己一分钟时间去享受这个不寻常的感觉；如果不是，就提醒自己，你的安全港湾在内心之中，随时准备拥抱你。

练习冥想的意义

如果人们从未有过安全港湾，身体就不知道该如何才能舒服地放松下来，建立连接，尽情玩耍或安逸生活。即使与生俱来的自我存在，它也是试探性的、不连续的，而不是可靠的、自知的。如果人们从未在社交活动中完全放松，那当他们解读自己和对方的面部肌肉变化时，就无法明白这一变化的社交含义，不明白他们到底在玩什么把戏，甚至连他们觉得很搞笑或高兴的事情是什么都不知道。如果人们常处于应激的状态，那么想要通过他们的肢体语言来判断其下一步行动或者他们打算如何出力及出力的程度就很难了。

当我们尽个人努力拯救内心时，我们需要找个地方存放自我。

有时，现实生活并不能让人感到安全，人的内心也不会有任何安全感，这可能因为人们从未真正感受到安全，安全感也就不存在于这个人的感觉词典中。尤其是当人们从未或很少有过安全感、归属感、被需要和接纳之感觉时，在内心铸造一个这样的安全港湾，明白做回真正的自己是何种感受是很重要的。随着人们逐渐频繁地自我拯救，他们开始建立一系列新的神经连接，铸造心中的"家"的感觉。

在这个自我拯救过程中，受到影响且需要治愈的不仅仅是大脑。维系生命的机体，包括消化系统会在人们害怕的时候放缓甚至停止发展，部分原因是它也有自己的大脑。

大脑概念 8.2：肠神经系统——"肠道大脑"

虽然在日常生活中，每个人都在不断地接收"直觉"传递的信息，但实际上了解人体的第二个大脑，即"肠神经系统"的人并不多。第二个大脑（也称为"肠道大脑"）含有约 5 亿个神经元，这些神经元分布于食道到肛门之间的消化系统壁上，作用是让人们在人际交往中接收信息时，身体保持平衡及活跃状态。

肠神经系统会对安全及危险信息进行回应。当周边环境不安定时，肠道会停止：

· 通过消化系统运送食物与饮料。

· 向大脑传递消化功能运转良好的信息。

· 摄取营养与水分。

·生成消化酶。

·平衡肠道的荷尔蒙。

·为免疫系统、为健康护航助力。

不安定的环境让生活变得难以"消化"。压力与危险迫使消化系统停止运转，导致便秘或腹泻。持续的恐惧感阻碍免疫系统恢复胃黏膜细胞的活力，从而导致胃癌。

恐惧不是唯一妨碍人体肠道系统正常运转的因素。愤怒、痛苦以及与创伤事件相关联的人生或社会经历也会对人体及消化系统功能造成一定的负面影响。在肠道大脑与颅脑之间有一个双向的信息与能量转换。消化不良、胃食管反流、肠易激综合征以及消化性溃疡等疾病都源于压力。

胃部及肠道在人们感到安全的情况下运转最佳。人们一直忐忑不安，直至肠道感觉安全时才能放松下来。共情与共鸣虽可以帮助人们获得这种认知，但前提是周围环境必须安全，这就是本章节中的冥想指南带领你寻找属于自我的安全港湾的原因，也是第六章在进行时光之旅时，建议被封冻在记忆中的人们要创造安全的记忆环境，让受创伤的自我充分舒缓下来，引入内在共鸣的原因。

关于恐慌症

当人们恐慌症发作时，他们可能认定自己正在应对极度恐惧，因为肢体感受到了惊恐发作时的症状，尤其是在无法呼吸的可怕体验。但一些研究认为，恐慌症是悲伤与抛弃联合作用的结果。潘克塞普的研究表明，恐慌症伴有内源性类阿片肽的降低（大脑的惊慌回路中也有此情况），而非与苯二氮䓬类（类似于安定的神经传导物质）相关，因而也涉及大脑的恐惧回路。这些惊恐看似是人际关系以及作为人类存在的感觉经历——突然之间又会消失得无影无踪。随着人们与其被抛弃的自我之间的关系成长并走向成熟，恐慌症的强度就会逐渐降低，人们也就学会如何以无限的温暖及关怀来拥抱那个饱受悲伤与惊慌的渺小自我了。

关于恐惧症

恐惧症与持续的恐惧二者在接受深层且舒适的自我连接改变能力方面有所不同。一个研究人员发现其无法跨过奔流的河水时，会借助于儿时的记忆建立连接来消除恐惧；儿时的自己曾试图追上哥哥，却不幸落入水中。努力战胜恐惧症或持续恐惧的人们需要找到多种方法，集合所有努力为自己寻找有力的支持。无论发生何事，重要的是要温柔待己，不断接纳自我。

下面是读者提供的恐惧词汇列表（这是未尽列表，内容涵盖人们会感到害怕的大量事物）。

· 高处。

· 深海。

· 子弹。

· 垃圾。

· 混乱。

· 囤积。

· 消耗。

· 细菌。

· 蛇。

· 蜘蛛。

· 老鼠。

· 鸟。

· 蝙蝠。

· 昆虫群体。

· 蟑螂。

· 蛆。

· 作业与要求。

· 缺乏理解的占有式爱情。

· 未来——我无法展望六个月之后的自己。

· 截止期限和我不按时完成任务所受到的惩罚（这常使我不知所措或分心）。

· 承诺与承担责任（是刺激我产生恐惧感的最大触发点）。

· 亲密——了解与被深入了解（依我看来）等同于被吞没和消失。

· 成功，因为成功会把我从我的"族群"（我的家庭、所处阶层，甚至我的国家）中隔离开来。如果我成功或越过基准就完蛋了，尤其是我从小身边就没有可以让我效仿的榜样。

· 战争、大规模暴力以及经历过大规模暴力及战争的混乱地区，因为我不知道能否在那种情况下存活。

　　无论你遭受的是哪种恐惧，都能够为那个感到惊恐、害怕甚至恐惧的自我探索一下自我温暖的可能性。如果你是带着好奇心，带着共鸣来探索，你就会发现其实身体产生恐惧感是有原因的。在时光之旅（见第六章）中，跟随感觉及记忆去看一下什么才是对身体有意义的事情。

　　第九章探讨了应激反应不能帮助我们时，身体会出现什么情况。

第九章

内耗：当意识从身体中"离家出走"

"我迷茫了"或是"我不知道应该追求什么"

（事实上，"我不迷茫，无论做什么，我都是其中至关重要的存在"）

活在当下，困难重重

"分离"，正如多数情况下人们所理解的，意味着意识不再与身体保持连接——也就是身体的存在感与自我感觉之间断连。活在当下是人类所面临的最简单也最为复杂的经历。听起来容易，无非就是呼吸、注意及行动。同时，人类的颅脑与身体参与到对即将发生之事的期望上，对所发生之事做出反应并且努力从往事中取长补短，吸取教训。当我们感觉自己不是绝对安全时，需要一个技能满分且温柔强大的自我跳出来，用温暖包容处在警惕和防御状态的自己，并时刻保持连接。整个精神实践都是围绕着揭开外在世界与内心世界如何同时活在当下的这个谜团而建立的。

把视线转移到外部会使人们脱离自我连接。在上述状态下，人们很容易处于"游离"状态。在这种状态下，人们只做到"完成事情"，努力工作、考虑下一步工作，不关心自己的身体或其他。有时，我发现这种情况也出现在自己的创作过程中。

当人们处于这种分离的常态时，甚至不明白自己其实是被情绪上的内心世界影响了。人们会像机器人一样生活，得过且过，而与此同时，人们又非常聪明、伶牙俐齿，可以完成很多事情，无论在学校还是职场都能得到积极的评价。然而，他们可能会牺牲自我，以满足其他人际交往需求，还可能会磨灭自己的意义感（有关该生活方式的更多内容，请见第十章）。

通常，我们可将这种非连接状态描述为"分离状态"。本章关注分离状态下人们会出现什么严重情况，提醒人们记得本章所提及的自我连接与自我温柔的练习对分离中的人们同样有效。

大脑概念 9.1：具体的自我意识网络与脑岛

拥有一个完整的自我意识所需的条件是对安全的神经性认识，而这种安全是与身体意识相关联的。

人们可利用大脑网络解读身体，这种大脑网络被艾伦·弗格称为**"具体的自我意识网络"**。该网络将所有的感官信息抽走，将这些信息通过脑干传递到大脑边缘系统，以帮助人解读并理解感官信息。这样的感官输入起步于**麦角受体**——能够感受压力、紧张、疲劳、温度、痛苦以及我们身体所传达的所有其他感觉。这些麦角受体连着脊椎后侧上行动缓慢的无髓鞘神经纤维，穿过脑干，融入不同脑区，了解我们所处的空间位置。

为了充分了解人类如何认清自我，我们需要认识一下这个新的脑区，即**"脑岛"**（也称为大脑的脑叶），如图9.1。

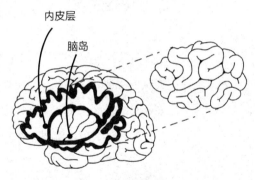

内皮层

脑岛

图9.1 脑岛的位置

脑岛位于皮层的内里，靠近前扣带皮层，是焦虑情绪的始作俑者（见第五章），用语言来表达情感体验。脑岛接收由杏仁核传递的原生情绪负荷，帮助人们对情绪词命名。有些感觉被定义为"绝望的愤怒"，有些感觉可能会被定义为"震惊的悲伤"。当然，人们也可不必给所经历之事冠名。利用功能性磁共振成像技术检查处于分离状态下人们的大脑时，我们可以看到脑岛是不活跃的。人们可在脑岛持续"黑屏"状态下生活，如此一来他们对体内正在经历的变化也就无从得知了。人们在被要求回忆创伤经历时，脑岛也会变黑。面对创伤，脑岛越容易变黑，治愈也就变得越困难。

具体的自我意识网络行经脑岛与前额皮质（见第六章），反过来制约并调节杏仁核，杏仁核调节脑干及躯体，形成自我认识与自我理解的循环。

本书所传递的一个最为重要的信息是，如果我们感觉自己是可以被治愈的，唤醒脑岛（我们能够感知所发生之事，并为其命名）就成为健康生活的根本（更多有关唤醒身体的内容，参阅第十章）。当人们曾经是那么无助、恐惧、害怕和不知所措，因而陷入长期的崩溃，他们甚至可以在不知不觉中培养创伤性分离习惯。

定义创伤性分离

创伤性分离，即内心世界与外在世界之间、自我意识与身体感觉之间的连接出现裂痕。灵魂出窍是一种休克反应，是小鹿被狼群围捕时那种应激反应。内源性类阿片肽（大脑中的"吗啡"）在人体内自由"遨游"，人体大脑中的化学物质周围就筑起了石墙，人们因此感受不到分离的痛苦。在这种情况下，帮助将经历融入外显记忆中的一部分脑区的工作效率就会降低。

这可能就是当坏事发生时，人们不会下意识地记忆该事件，除非某些事或人重新唤醒这样的记忆的原因之一。当人们在创伤时期分离，很可能就会患上持续的创伤后应激障碍。人们记起的创伤经历越少，治愈创伤就会变得越复杂（但不是不可能）。

分离的另一种形式就是当人们处于受创状态时，为了挺过创伤，意识就会从身体中游离出来，在身体之外静观所发生之事。

如果一个人在本应丧失意识的手术治疗过程中突然恢复部分意识，目睹或经历暴力、虐待、欺凌、强暴或性骚扰、羞辱，甚至是收到危及生命的病理诊断，所有类似经历都会让人惶恐不知所措。

最初事件不一定会给他人造成创伤，能评判的可能也只有我们自己。比如，分离可以由表面上看似不起眼的小事引发，就如某个人在社交方面陷入困境，比方说，当一位宾客在晚宴上说了让别人想要咆哮的话，但那个人碍于社交礼节忍住没有发怒，或者是经历过一些大型事件，比如从爆炸现场死里逃生但身体受伤，都有可能触发分离机制。分离甚至也可以发生在当人们与暴怒的某个人或自己恐惧的某个人的视线相遇时。

分离、静止与迷走神经复合体

让我们透过迷走神经复合体来看一下分离吧。创伤性分离是指，当人们身体不适或陷于危险时，他们的身体与大脑不再相信应激反应会发挥任何作用，接着人们就会进入迷走神经的"静止"状态。

你可能会想起第七章所讲述的当人们进入应激状态时，迷走神经的传动装置会转换到神经系统的交感分支上。当恐惧或害怕占据上风，迎战回应状态的转换也如出一辙。在这样的情况下，杏仁核向身体其他部位传递紧急的化学警报信号，使心跳加快、血压升高、呼吸变得急促，也会让能量从小块肌肉流向大块肌肉，重拳出击或仓促而逃——应激反应。同时，大脑还观察应激反应回应有多高的效率。如果人们无助、无望、被逼走投无路、难以忍受、被超越或者是被深深伤害过，那么大脑就会放慢脚步，进入背侧迷走复合体或者静止回应状态。

最有可能导致创伤性分离的时刻是人们感到无助或陷入困境之时，这是因为任何反应都可能导致危险发生。当人们被迫陷于分离状态时，他们的心跳速度会每分钟下降15次。导致心跳减慢及思维与行动速度降低的部分原因是背沟的大部分神经反应较慢，就像崎岖不平且脏乱不堪的道路远比不上一条畅通无阻、铺砌良好的高速公路。在背侧迷走复合体中大部分纤维是无髓鞘的，没有使能量与信息得以快速传递的白色包层。当人们感到安全（腹侧迷走神经兴奋）或者愤怒、害怕（交感兴奋）时，人体就像是在有髓鞘神经组织的高速公路上畅游，思维与行动都飞快。在应激反应以及社会参与中，人们反应非常快，能量与信息流传播速度可以达到每秒120米。当人们压力爆棚、陷入困境、无助或受到冲击时，能量与信息就在无髓鞘纤维的粗糙小道上穿行，速度不足每秒1米。

辨认创伤性分离

由于一部分大脑下线，阻碍人们洞察自己的整体情况，因此自我辨识分离几乎是不可能的。暗示一个人在毫无察觉的情况下进入分离状态的表现包括：对体内所发生之事毫不知情；感觉不到生气，犹如木偶、洋娃娃或机器人；感觉世界并非真实的——其他人都是外星人、机器人或昆虫；感到木讷、迷惑，在社交过程中无法与他人合拍；遭受预料之外或暗示的旧时记忆入侵；错失时机；幻听；不明白他人在说什么或当被问到"你的身体出了什么问题？"时感到羞愧；很难回忆起与家人、朋友之间发生的某件事及发生的时间（没有相关记忆）。处于分离状态下的人们不能从经验中吸取教训，因此就会重蹈覆辙，陷入不被他人所正视的痛苦关系中或是沉溺于物质或活动相关的关系中。

创伤性分离的征兆

· 感觉自己是个骗子或感觉世界不真实。

· 压抑。

· 无法接收到身体信息。

· 有自杀倾向。

· 感到无助、困惑、恐惧、害怕或难过。

· 对疼痛麻木。

· 无音调变化——声音单调。

· 表情凝重或一成不变。

·超大且无反应的瞳孔。

·对话中难以跟上别人。

·失去对他人身上所发生之事的小细节的敏感。

·呼吸非常浅。

·心跳慢，血压也低。

人类是一个复杂体，上一分钟还在近乎完美地执行着各种操作，下一分钟就发现自己毫无征兆地完全不能应对某种情况或不能正常运转了。人们有时会不慎跌入分离及断连状态；有时又会突然哭泣，哽咽不止，身体也随之颤抖。这些突然转变本身就会让人大吃一惊。一个人要过自己的日子，就会经历世间沉浮，时而处于人生巅峰，时而又坠落谷底。

大脑概念 9.2：创伤的断连神经网络

也许你会回想起第六章中关于一个曾经受过创伤的人如何形成长期且鲜活的记忆，而这种记忆还是与强调逼真效果的杏仁核相关的。一个人对以往经历（其中一些经历是未经加工的原始创伤）的记忆是以杏仁核为中心的，这些记忆一般潜伏在意识知觉中，当人们意识到自己已经步入固化状态（产生这种意识需要数日、数周，甚至数年）时，才能明白自己已经被套牢了。鲜活的创伤记忆游离于未整合的记忆网络中，而记忆网络则被杏仁核牵绊着。人们有意识地了解的记忆越多，关于记忆的谈话也就越多，随之产生的意识也更多。

当现在的某些刺激与大脑中储存的以往的危险情况之间大致匹配时，人们会跌入情绪痛苦或分离中。在最初的创伤经历中，即使一个人处于分离状态，对于事件的记忆实际上仍存储在杏仁核（追踪对情绪上具有重大影响的那些经历）掌管之下的神经网络中。分离得越彻底，人们能触及的经历也就越少，创伤也就越发难以愈合。一个人的大脑整合程度越高，其记忆中让大脑"下线"的情况也就越少。

共鸣技巧 9.1：对创伤性分离的自我施以细腻的温柔

将共鸣引入创伤性分离的过程中，所需要的主要品质为细腻的温柔和从容不迫的心境。创伤性分离状态是某些残酷行为、不能自持的压力、刺耳的评判或无助的心理而造成的，因此，做到放缓脚步，给予认同和陪伴，这一点是很重要的。寻求与分离的自己重新连接，比方说，"那个分离的自我，你愿意和我聊聊吗？"或者"你需要陪伴吗？""如果你不愿意的话，其实也不用回到创伤记忆中，这点你了解吗？""你的时间对于我来说才是最重要的，这是不是能给你一丝安慰？"

有时，了解分离的自我身在何处是有一定帮助的。我们温柔地询问："分离的你，现在在何处？10英尺之外的左边吗？""在山顶、云端还是另一个星球？还是就在陆地上，在我们身后隐藏着，仿佛在无助、压力及不知所措中如'死'一般？"

下面的冥想指南是为那些分离的人们准备的，可以帮助他们在自我表达与自我分离之间架起一座桥梁。

冥想指南 9.1：带领分离的自我回家

开始冥想之前，观察一下你对那个分离的自我态度如何。如果你感到愤怒，那就说明你尚未进入状态，那么，首先对你愤怒的情绪进行共情是很重要的。也许，你愤怒的那一部分与幸福和生存能力相连接，渴望得到希望的指示？如果你注意到了自我憎恶，这个冥想就对你不大奏效，那就不要强迫自己去拥抱、关怀那个分离的自我了，除非评价自我得到了更多的认同共鸣。有关自我憎恶的冥想指南，参阅第十一章。

看看你是否能感受到自己的呼吸。温柔地将你的注意力集中到呼吸最为活跃的地方吧。如果你感觉不到呼吸，那就跳到下一部分的内容。

如果某部分自我已经从身体中分离，那他会在哪儿？你可能会觉得他与你在同一空间内，仅有两三米距离；也许他被困在某个地方或某个尚不明确的空间内，这个空间没有与你的过去相连接，与你完全分离开来。寻找一下他吧，看看你是否能改变一下对自己的认知。

让自己停留于此，想象一下如果将空间中的其他人冻结起来，那么在记忆的空间内那个分离的自我是否安全。此时，温柔地让内在共鸣走进分离的自我所在的空间，无论是一两米远，还是耗尽毕生所及的距离，甚至绕过半个地球之外。随着内在共鸣的引入，看看保持什么距离会让分离的自我感到舒适，以柔情和温暖之情对待分离的自我吧。

你的内在共鸣以柔眸望着那个分离的自我，打探着他是否明白自我见证是何物。如果需要自我介绍，那就开始吧："我是最棒与最温暖的，我会走近你，让你不再孤单。"

让自我见证表达得更多一点。当你的身体有危险或不舒服的时候，那个自我就从身体中分离开来，对它选择分离的明智之举表示认同吧。认同它对于安全感的需求；认同彼此的经历（在多数冥想情况下，我们一般从身体感知入手，但在本冥想初始，鲜有需要调节的身体感知）。需要记住的最重要一点是，自我见证给予温柔且认同的接触，这种接触也可能是言语、拥抱或温柔的触摸。不过，自我见证需要与那个分离的自我保持一些距离，甚至是在另一个房间或在某个空间之外。看一下那个分离的自我能够接受什么程度的触及或连接。

下面是这段冥想中可能出现的一些共鸣共情猜想。

· 你非常确定那个在身体里的他不安全吗？想知道身体多不安全吗？你是否担心自己的身体，担心如果没有你身体会如何？

· 你感到绝望，渴望被温暖、被接纳，从而产生归属感吗？

· 你困惑不已，希望能记得或明白内心明净是何种感觉？

· 你感到一种深深的不信任，以至于需要不断的鼓励才能重获对一切的信心？

· 对于迫使你分离的那个最初的打击，你认同它吗？那个打击是不是像一个瞬间就能毁灭地球和所有人类的原子弹？

· 你感到失落，不知道怎样才能重归家园？

做完上述猜想之后，观察一下那个分离的自我现在在何处，是否仍徘徊在当初那个位置——在你开始冥想前的那个位置？是跑到更远了还是离得近一点了？它现在在哪儿？问问它是否愿意重新回到你的身体，或者去到那个你在第八章冥想指南中所构建的安全环境。无论回应如何，坦然地接受吧，去包容和理解他。

有时，在得到认同，并感受到尊重和温柔时，那个分离的自我就会回到身体，载着能量或是默不作声的抨击。不论这个分离的自我身在何处，当你接近本次冥想的尾声，让那个分离的自我明白，你在竭尽所能确保它的安全。问问它是否需要安全感上的认同或理解。现在，将注意力带回到身体上，观察一下你是否能够捕捉到呼吸的耳语或感觉，承认你的脚趾、脚后跟骨头、膝盖表皮、肚脐、锁骨、右手小指、头顶及身体都是作为一个整体而存在的。当你准备就绪，轻柔地将你的注意力带回到你的现实生活中来吧。

随着几周或数月冥想练习的进行，分离的那个自我逐渐被观察或了解，它就会放松，慢慢回归身体。偶尔也会跳出那个死气沉沉、毫无生气仿佛一个布娃娃的自我；而有时，在共鸣的感应下，断连的自我又会重新回到身体（这直接归因于我们先前所学到的迷走神经：当我们感到安全时，神经系统就会像一只家鸽一样重新回到社会交往中）。当身体重新恢复意识，感觉也产生时，记住要猜测它们的潜在感觉与需求。

如果你是毫无生机的模样，就看一下下一章节所讲述的如何进行共情与比喻猜想以帮助自己理解自我，无论认知多么奇怪。

练习冥想的意义

本冥想可作为你改变分离状态的一个日常练习。练习自我陪伴，无需特别的日程安排，只需要带着自我关爱和理解练习即可。你可问一下分离的自我是否愿意回到身体中，无论回答如何，都要接受。最重要的是要以温和、温暖和接纳之心对待这个分离的自我。这个方法在右眶额叶皮层（包含自我感觉）、前额皮质（温暖感）与导致分离的记忆断连神经网络之间构成了神经联合。当创伤开始愈合，人们才发现自己已经止步不前（分离）很久了，影响也远超过自己的想象。

一旦人们认识到部分脱离现实地活着意味着什么，就会回头看看自己的生活，意识到曾经那么困惑自己的事情现在变得明朗。错误决定所烙下的伤痕、不明白如何去爱的配偶、无法陪伴在孩子身边的父母、不尽如人意的职业、受制于强迫症或成瘾症——所有这些经历会在人们意识到自己的人生能量被"冻结"那一刻突然变得合理，人们静候着世界再次变得安全。

讽刺的是，当人们陷入分离状态时，实际上并不安全。身体系统尝试保持安全，实际上减少了能够获得安全环境信息的可能。比如，如果人们获得身体的信息，可能会认为某人不安全，然后离开。如果人们与身体"失联"，可能就不能处理那样的信息，也就会待得更久。他们也许不会有那种能够在危险发生时用来进行回应的能量。对身体分离状态的一般意识，尤其是特定的身体信息有助于人们了解自己是否能察觉危险。因此，找回分离的自我对于身体安全、精神交流来说都是非常具有实际意义的。

一旦人们参与,就真正有能力为了自己及身边人把周围世界变成一个安稳的容身之地。当世界变得安全之后,那个有些断连的自我就会寻找过来,融合和重聚,带来希望与可能,也可为身体与情绪的自我保护和自我关心提供非常切实的策略。

分析分离状态的人们自我认知的奇怪方式

如果你发现身体如同一个玩偶、一块石头或一摊泥似的毫无生机,就代入内在共鸣,认同自我并给予其支持吧,首先做到这一点是很重要的,接下来则需要对这个与意识分离的肉体说:"你肯定是完全被接纳的。"再问一下:"在与人类无交集的状态下生活是什么样的?你需要认同吗?想被看作是一个物体而非人类?你必须活成他人想要你变成的样子,而不是自己想要的?你如此努力想要活出个好样来,却就这样消失了?你很孤独,所以选择这样死气沉沉地待着?你是不是疲惫不堪,心脏或胃部等身体器官也可能同样感到毫无生机?"对于这些问题的猜想大同小异:认同、沉思、温暖、接纳。所有猜想都传达了对身体以这种方式维系生活的智慧的理解。

性欲与分离意识混淆,分离状态就会广泛产生

当人们恢复生机,将意识与躯体充分融合,意味着人们情感亲密及性亲密的能力开始复苏。当人们获得安全感时,就能使用背侧迷走复合体做一些完全不同于分离状态下做的事。当母亲与孩子之间有很深的亲情纽带关系时,催产素(连接激素)也开始分泌流动,

尤其是在照看孩子期间。在两性关系中，当有充足的催产素分泌时，倦怠的性关系体验也通过迷走神经的背侧通道移动。

分离与倦怠的两性关系之间存在着相似的神经生理现象，这种现象可在经历两性关系、创伤及情感连结交融时造成深深的混乱（这仅是性虐待在人们身上所造成的复杂神经生理学悲剧的一部分）。

整合一下我们所学习的潘克塞普的情绪系统理论，在性虐待中出现各种系统之间的错综混乱，其中欲望与愤怒、恐惧或惊慌、悲伤相关联。如果你想得到专业人士的帮助，就考虑与几位治疗师接触一下，找到一个你认为能够给自己带来温暖且让你感到安全的神经认知的治疗师。

有时，性虐者在施暴时处于分离状态，精神恍惚，意识与肉体相离，眼里并不把受害者视为人类，被困于断连的神经网络中，连他们自己都不明白这种神经网络，从而感到羞愧、无助和兴奋，或者意识上不清楚自己在干什么。由于人生来就是一种社交型动物，要同其他大脑与神经系统打交道，因此，在恍惚状态下遭受虐待的受害者可能最终会将施虐者的分离状态，以及自己的无助、恐惧、不堪重负的创伤都一一内化。

换一种说法就是：由于人类都是社交型动物，其大脑与神经系统之间相互连接，当人们与一个处在分离状态中的人打交道时，受其影响，自己的大脑也很可能会踏上通往分离状态的车。这就是说，如果我们不断受到一个精神恍惚且为分离人格的人的侵害时，我们自己的大脑就要处理：（a）自己的无助、惊恐及不知所措的创伤；（b）与施暴者的分离人格相应的自己体内潜在的分离状态。这就是创伤代际遗传的一部分——一个分离衍生下一个分离的怪圈可能会持续几个世纪，能够打破这一怪圈的是自我温暖与正念的力量。

当人们开始治愈之旅，共鸣、同理心与沉思有助于人们纠正并解开自己的性症结，将自己从曾经的创伤经历与迷惘中解脱出来，哪怕这种创伤、分离状态已经延续纠缠了几十年甚至几代人。

与分离型伙伴的关系

与一个正处于分离状态或轻易就变得固化的人打交道是一种什么样的情景呢？人生来就是要融入社会和人际关系中去的，人类是社交型动物，因此，与这样的人交往对神经系统是一种巨大的折磨。当某人濒临崩溃，滑入固化状态的深渊时，其人性像是被抹掉一样消失得无影无踪，而自己也因分离状态的产生而犹如人间蒸发。人们变得面无表情，声音也平淡无味，失去运用生动的肢体语言进行表达的能力，普通人与分离型人之间曾有过的人际经历表明，他们的神经系统也会拉响警报。当婴儿或孩子身边有分离型父母时，他们是很痛苦的。当他们长大成人并为人父母时，儿时所经历的这些痛苦会持续在他们的记忆中烙上难以磨灭的印记，身体会继续拉响警报，变得愤怒或绝望，要么跳出应激的思维，要么步入固化的陷阱；甚至更加愤怒、恐惧，远超过现在的经历所给予的安抚和保障。

此外，受运动皮质——运动皮质有助于人们理解他人的行动（详细内容，参阅第十一章）——中镜像神经元的影响，人们可在某种程度上身临其境一般体会分离型人的处境。镜像神经元为大脑中模仿学习的基础，也就是说，当人们与分离型人格的某人近距离接触时，他们也可能会"学习"这种分离型状态。

如果身边重要的人具有分离性症状，我们会变得愤怒或绝望。当某人因自己而"消失不见"，我们大脑中的内源性类阿片肽水平就会下降，心跳加速，大脑、心脏及胃部就如同哺乳动物幼崽与母亲失散一样，变得惊慌、悲伤（见第五章）。因此，我们会保护这个消失的自我。我们也许会生气、绝望，也许会相信他人正有意让自己"消失"以作惩罚。但实际上，人们根本无法控制自己的分离状态，治愈之旅需要一定时间，为情绪敞开接纳的大门，这就是争吵不断以及各种形式的家庭暴力出现的根本原因。

每个人都能学会应对和转变这种身体模式。本书中所介绍的内在共鸣与共情为分离型的自己提供治愈帮助，为分离型的他人，为手忙脚乱却努力对付自己曾经历的那些创伤和可能会迁怒于他人的所有人带来同情和安抚。

重要的一点是要注意分离症的起因和刺激点。比如，A 看似是用平常无奇的声音说话，但其配偶 B 就有可能愤怒，突然将这种声音视为喊叫的杂音，很难弄明白两个人之间到底发生了什么事。这种认知上的突然转变完全归因于 B 的神经系统状态，他把 A 的普通声音判定为一种敌意的防御。其他原因可能还包括：A 变得急迫，想要证明什么或者失去与 B 继续联系的欲望，想逃脱这段关系。另一个可能性就是，A 并不太了解自己的情绪世界，所以说话的音调提高，速度也加快，但 A 却闭口不谈发生了什么事。当然，旧创伤也会破坏 A 或 B 的联系。

夫妻间的争执多数源于神经系统状态的微妙变化。每个人都想要得到他人的理解，每个人都需要他人了解自己最和善的意图。但是，一旦神经系统开始改变状态，就变成了一场难以形容的"疯狂之旅"。

最重要的是，将共鸣的自我见证引入现实状况中，相关各方就能够为彼此留出足够的空间，为彼此在连接中所呈现的不同的分离、愤怒和恐惧情况融入温和之情。对一个落入分离状态人生何等艰难的人报以认同也是很有必要的。情绪缺失就像是身体遭遗弃的感受，并伴随着内源性类阿片肽水平的暴跌。当使大脑自我感觉良好的化学物质水平持续走低时，把持住当下的自我需要付出诸多努力。外界的情绪支持同样必要；不论另一个人在场与否，一旦人们安然无恙，就可以将温暖和关怀分给另一个人，安全感也就应运而生，比起应激状态下的行动，会更加快速且有效地引导他人回归现实中的自己。

摆脱分离，回归自我

（1）我们陷入分离状态，心跳放慢，呼吸非常浅。

（2）我们明白分离状态存在。

（3）我们开始注意到那个与肉体断连的自己：无法认知自己的身体，无法做深呼吸，开始怀疑自己是不是跌入分离了。

（4）我们开始拥抱分离型的自我。

（5）身体感知开始回归。

（6）随着身体感知回归。情绪也回归。

（7）身体记忆也会随之出现，带着惊奇、意料之外的身体感觉。这些经历产生共鸣后，身体感觉逐渐平息并被认为是整体性与健康的一部分。

（8）我们通过这个过程一步一步、稳健地迈着坚实的步伐，将大脑从布满地雷的战区转移到充满温情包容的家园。

（9）其他能力也得以回归，包括对新事物的好奇、决策能力。

摆脱分离状态后需要一定时间回答"在我身体上发生了什么事，为什么我想知道"这样的问题。人们渐渐开始明白，自己在脱离肉体生活时，并没有完全与人类连接。当他们收到身体信息，自己依然生机勃勃，能够感受到体内的生命力量及与万物之间的连接。欣赏与享受生活的馈赠也变得可能。

重新与身体合二为一的唯一问题就是，当身体渐渐苏醒，被冰封的创伤也随之显现，那些原本无法触及的身体、情绪及受虐待的创伤会如同电影片段一般再次闪现于脑海中。没有情绪支持的人们想尽办法，期望关掉身体的声音也就不足为奇了。人们会发现在连接躯体共情、系统排列或家庭系统排列、按摩疗法、任何形式的身体疗法（尤其是罗森法的身体疗法）、哈科米疗法或活动疗法等身体意识与身体感知治愈之旅中，这种旧时记忆会再次浮现。神经系统科学教育也引导人们聆听身体之音。

而且，陪伴重新浮现的旧时记忆时所给予的温暖越多，整合其所带来的身体变化也就越容易，即使是在变化过程中，人们的大脑频繁闪现痛苦且哀伤的记忆时也如此。如果我们在温暖和共鸣中前进，就会使身体感知被理解与包容。

对神经生物学的理解为人们踏上新旅程打下坚实的基础。第十章描述如何学习温暖以帮助我们与他人建立亲密联系。

第十章

人际关系：为什么社交让人这么累

"没人能理解我"或"我很孤独"

（事实上，"治愈的过程中，我明白了其实

自己与他人联系很紧密"）

以被爱的方式去爱（我们有能力改变）

作为人，作为一种社交型动物，我们儿时就在大脑设定了与自己最为亲密的大脑模式。婴儿期是人们的神经元发展并理解如何社交与成长的时期。人们了解关系的概念，学习它的意义以及如何在自己被爱、不被爱、得到回应或被忽略的情况下处理关系，也会对自己被爱的方式做出爱的回应。随着人们对自己依赖他人程度的变化，心脏对这个世界的反应也发生改变。而且，人们在成年后也会倾向于按照自己儿时所受到关怀的方式来关心自己和他人。研究人员将其称为**"依附"**。

令人欣慰的是，无论我们的起点在哪儿，大脑都不会如同被打上石膏一般僵化；大脑是变化莫测的，我们会不断学习各种重要的关系，学习被爱，让自己赢得关爱，学习如何让治愈之旅更好更轻松地整合自我连接与他人连接。本书创作的目的就是治愈依附创伤：将共鸣带入人生经历，用温柔重新连结大脑，让人们感受到真正意义上的亲密无间。无论我们的治愈之旅从何处启航，都能够让自己变得更加有韧性、健康，与世界更加紧密地联系。这就是与自己和与他人建立牢固的依附关系的旅程。下一章节将介绍共鸣在帮助大脑走向支持型依附模式方面所发挥的作用。

依附与自我调节

当某件事在情感上对我们而言极为重要，大脑就能轻易记得。那些在我们生活中必不可少的人们（无论善良还是残忍）就在我们的大脑中留下了深刻的烙印，这种印记不仅仅是情感上的，还存在于躯体神经连接与神经元生长中（回想一下第二章中研究员摩西·西夫的引言："我们的母亲存在于前额皮质的每个细胞中。"）。当人们聊起人生的第一段关系——与父亲、母亲或祖父母的关系时，这种遗留的印记显得尤为真实。意识到哪一种大脑能够关爱自己是很重要的，人们从健康的大脑中获得的关爱越多，就越容易在日常生活中得到充足能量，生活充实。成年人将自己的健康与压力调节（或体弱多病及调节紊乱）状况遗传给他们的下一代。依附心理学研究的精髓就在于：父母对其子女的影响研究。

大脑概念 10.1：依附改变人体的心率

我们把心动视为喜爱的标志，但在生理层面上，心脏与其回应压力的方式是与我们在重要关系中如何被对待相关联的。因此，父母对子女越稳定、温暖且有求必应，子女的心脏就越健康，越有韧性。

研究人员以名为"心率变异度"的概念证实了这一说法。你的心跳每分钟的跳动次数都是固定的。通常人体在休息时，心跳速度在每分钟 60~80 次；当人体处于跑步等运动状态时，心跳就会加速。你可能会认为，心跳越正常，就证明身体越健康，但事实并非如此。

人体的心率实际上是每分钟心跳的平均值，它不反映心跳的实时状况。心脏也会在每次跳动之间改变心率，呼气时心率减缓，吸气时心率增加。比如，一分钟呼吸两次的情况下心脏跳动 66 次；呼吸三次的情况下跳动 62 次。如遇很小的突发事件，心脏应能适应状况，做出相应调节，让心跳适当加快或减慢以应对压力，而非产生皮质醇或者激起应激反应。

父母养育子女的方式对于子女心脏跳动方式有着深远的影响。心跳方式的改变是基于人体的老朋友——迷走神经复合体而完成的。研究人员发现，人体应对压力与人际关系的方式主要有四种：安全型依附、逃避型依附、矛盾型依附及紊乱型依附。让我们来看一下人体的这些生存策略以及迷走神经是如何应对各种情况的。

第一种：安全型依附与"挣来的安全"型依附

在这个世界上，人与人相互依存，对自己与他人都有好奇心。

当孩子们在经历安全型依附时，他们能够依赖父母，获得温暖、回应与共鸣，因此，人生就会少受一些压力；心脏随人生中情感关系的变化而变化（高心率变异性的另一种说法）。如果有什么地方不对劲，心脏不会再启动应激模式，而是在承受适度压力的情况下，从跳跃模式转变为行走模式（仍具有社会参与性时心率变异度较低）。孩子们认同父母并将之作为自我意识的一部分，即使父母不在身边时也是如此，而且他们的心脏运转也不同于那些缺乏安全型依附的孩子。安全型依附的孩子们即便在独处时，看起来也总像有人陪伴似的，这种方式尤为突出的特征就是温暖。

安全型依附的孩子在成年之后就能够理解强烈的情感，考虑到长远和全面的后果，也能形成一个平衡、现实的世界观。我们都是现实主义者，而不是理想主义者，内心中都隐藏着一个坚强、沉着且善于关爱的自己。这就是内在共鸣，当它被唤醒且活跃时，大脑、心脏、躯体都运作良好。

人们依靠这种安全的大脑模式可以适当地从童年时期走出来，或者在生活的道路上依靠这种大脑模式进行治愈。从不安全依附到获得更多平衡以及因治愈之旅而产生对他人的温暖之情与自我温暖的期待就称为"'挣来的安全'型依附"。

一旦人们产生安全型依附或"挣来的安全"型依附时，就能够获得相互信任且持久的关系。人们自我感觉良好，自尊心也强，喜欢同他人分享自己的感受、渴望，同朋友及伴侣一起度过人生。也能由此获得社会支持。当人们有关心之人时，丘陵看起来不是那么陡峭，痛苦也不是那么强烈了。（更多有关安全型依附与"挣来的安全"型依附内容，参阅第十四章。）

第二种：逃避型依附

我们能依靠的只有自己。

如果蹒跚学步的幼童，他们的身体在发出情绪信号时遭遇了冷漠的回应，那他们的情绪反应就会不同于那些安全型依附儿童。这些儿童具有逃避型依附特征，这就是说，因为他们没有感觉到来自父母的关怀的信号，所以学会了自己照顾自己。他们的内心一直饱受煎熬，就像是徒步旅行者随身携带背包一样（他们虽然继续参与社会活动，但心率变异度最低，仅能应对压力管理）。心脏不再随情感变化而变化，也不再享受行走，只是一味地徒步。

逃避型依附儿童成年之后，管理生活的主要模式就是自立、不轻易相信他人。这与身体意识网络也有一点联系，因为这种自我联系是由情绪上所孕育而生的。这些成年人的心脏也不能尽情地跳动，变得不那么活跃，不那么会受到其他人迸发的强烈情绪的影响。如果心脏仅能独自缓慢徒步，而非与他人结伴共舞的话，他们很可能还会对自己及他人的痛苦视若无睹。伴随着逃避型依附成长的人们不期待他人的陪伴，而更倾向于自我关心，自我陪伴。

第三种：矛盾型依附

一旦出现任何压力，自我调节就会立刻消失。

在**矛盾型依附**中，孩子的母亲（或父亲）属于一遇到压力就立刻拉响警报的性格。在这种性格模式下，孩子也会试图管理自己在应激状态的应对机制，在行为上表现得忧虑痛苦。没有人的痛苦情绪是可以轻易抚平的。矛盾型依附的孩子（及其父母）的心脏跳动就如同循规蹈矩的机械一般，一旦出现任何压力，即使只是适度的，也会产生全身性的皮质醇应激反应，同时伴随着行为上的哀求——渴望得到帮助，而非转换心脏跳动节奏，调节压力。在这种矛盾型依附的心理状态下，心脏既没有徒步行走，也没有任何移动；心脏苦苦哀求得到支持，但迷走神经复合体也不明白如何才能给予支持。矛盾型依附的孩子在哭诉着想要得到父母的帮助时，父母也不明白究竟该怎样做出回应。人体的变化完整折射出人们的经历，这让人吃惊。

矛盾型依附的心理状态并不表示人们不想要自己的孩子，相反，他们非常爱自己的孩子，同时却又无法清晰地了解自己的孩子或配偶的需求，这是因为即使这些父母所承受的压力只有那么一丁点，他们也会立刻失去自我。矛盾型依附的父母很难弄明白自己的孩子身上到底发生了什么事，因为他们要么一直活在过去，要么就是仅仅期待未来。因此，这种依附心理有时又被称为**"焦虑依附"**或"侵入依附"，人们对自己孩子身上所发生的事情、他的社交问题焦虑不已，因无法阻止焦虑的脚步而气息奄奄，也无法接受孩子对自己所做出的行为的反应。

这种矛盾型依附心理也同样出现在成人关系中。成年人会表现出持续性焦虑，比如在自己的配偶是否真的爱他们或者是否有一天会不辞而别的问题上，非常担忧。如果存在矛盾型依附心理的人们（换句话说，如果他们的杏仁核从未得到过足够的安慰）一直处在未得到慰藉的情绪焦虑中，就会变得更加混乱不安。人们的情绪"有规律"地溢出、泛滥，这种情绪包括自己受他人影响而产生的情绪。当人们的心理和情绪机制没有真正得到调节却还在不停运转时，会发现自己会陷入因朋友与爱人而烦躁不安的心理旋涡，不断渴望得到爱的肯定和回应，不能确信自己是重要的、被爱的或有归属的，总想着寻求外界肯定。

不满是矛盾型依附的成年人的一个重要情绪指征。如果人们对外界的回应从来都不满意，如果渴望外界的言语与经历能够完美发生（虽然很少如此），他们就可能会回想起儿时在与父母或其他监护人相处时，没有被正视和理解的那些经历。

第四种：紊乱型依附

亲密世界充满痛苦。

人们曾有过感觉自己微不足道的心理状态，或有过心声无人聆听、受到恐吓伤害或伤痛无人理解的经历，这些经历越多，建构幸福未来的大脑就越脆弱，人们所遭受的抑郁、焦虑、成瘾症、心理疾病、暴力、虐待、轻视、羞愧感也就越多。如果父母是可怕或令人心生恐惧的人，他们的子女虽常常渴望增加亲密感，却发现这种期待总是落空，且对这种亲密感的反应也往往不可预测。这些孩子的身体会做出奇怪的反应，心理学上称为**紊乱型依附**。这是家暴、虐待等代际传递的可怕行为的前兆。

大脑易被一些苦难之事所撕裂：所爱之人身亡；曾在遭受袭击或重击的家庭生活过；曾生活在性虐待、辱骂或冷漠的家庭中。曾经历过这些危险时刻的心脏相信，亲密关系是危险的，人们因此而感到困惑不已，伤痕累累（有关紊乱型依附的更多内容，参阅第十一章）。

人们甚至不需要亲自去经历这种创伤就能让大脑产生这样的变化。大脑与躯体受到过去几代人曾经历的苦难事件所造成的影响。有可能是父母本身在儿时曾受到过惊吓，大脑因而变得紊乱，虽然他们也非常爱孩子，但无法给予孩子可靠的支持。

重要的是，共情及关爱共鸣有助于人们挺过创伤，培养并积累自尊感。善良的祖父母尤为重要，这种共鸣甚至还能出自近邻、老师或警察，在我们饱受创伤折磨时对我们施以援手。

当你思考人生时，也要记得那些给予你帮助，爱护你或对你表示尊重与关心的人。这些人与我们同呼吸共命运，就如同我们生活在所爱及支持的人们的大脑中一般。想象一下以一颗友好、理解及尊重的心善待那些孩子们吧，你会看到自己给这个世间所带来的治愈与希望。

　　紊乱不是大脑的末日，治愈触手可及。每一次发生有意义的经历时，大脑都会努力在依附纤维中去建立健康的新关系，这种依附纤维从前额皮质行至杏仁核，最终调节身体。

　　没有任何事物可以替代人与人之间的温暖，但人们的治愈之旅却各有不同。如果阅读给你带来顿悟或让你产生自我同情，那就意味着，在你的大脑中正在生成新的连接，助你增加幸福感。

依附中的行为与状态

　　处于最佳生活状态的人们能够及时地采取行动并有很好的人际关系。处于最差生活状态的人们从早期的依附心理中挣脱出来，陷入僵化（有行为，无状态——逃避型依附）或混乱中，存在于感觉的世界中，而丧失冷静应对压力的能力（有状态，无行为——矛盾型依附）。这些依附模式常清晰地出现在教养孩子与恋爱关系的后期。当某人儿时是由无状态的监护人抚养，他在某段关系中对于安抚及情感安全的需求不能完全得到满足。当他儿时是由有状态但无行为的监护人抚养时，他就陷入一触即发的备战状态，时刻准备应对相关压力。

　　有大量文献将依附和左半球大脑与右半球大脑（大脑半球相关内容，参阅第四章）联系起来。我们可以把左半球（行为者）描绘成本质上不相关（逃避型依附）的特征，而结构杂乱的右半球则受制于调节异常。我们也可把结构化的右半球大脑描绘成本质上相关（状态者）的特征，整合左半球大脑，支持安全型依附。有相关研究能够佐证依附类型与人体大脑运作的结构功能之间的联系这一论点，该研究内容的引用要比使用心率变异率这一术语要难，因此我专注于心率变异率的研究，并将其作为依附类型的基本决定因素，但是我非常欣赏英国精神病学家伊恩·麦克吉尔克里斯特的著作《大师和他的使者》，这本书讲述了人类的世界是如何被两个大脑半球所影响的。

当你读到依附类型这一章节时，你是否注意到，在人们认识到代际模式的影响（有时这种影响甚至是毁灭性的）时，责任不再归于某个人，宽恕的机会也就摆在了眼前？学习这些依附类型会出现何种情形？有时，当我在讲习班分享这个内容时，室内鸦雀无声，人们回忆并寻迹几代人所经历的那些依附模式，激发脑内的许多突触，它们或哀鸣或欢呼，变得生动鲜活。

辨认自己的依附类型

人类运用大脑建立人际交往的方式会在举手投足间表现出来。观察一下，当你阅读下面四种描述时，身体是如何回应的。括号内的内容是研究人员对成年人的依附类型（称为**"成人依附类型"**）的命名。成人依附类型并不完全与婴儿期依附类型相同：逃避型依附被分为逃避–恐惧型与逃避–不在乎型，紊乱型依附则从依附关系类型中剔除。

A.情感上很容易与他人贴近，并能自然地依赖于他人和被他人依赖；不担心独处或不被他人所接受。（成人：安全型或"挣来的安全型"依附；婴儿：安全型依附）

B. 在与他人亲密时会有些不自然，想要远离所有亲密关系；很难完全信任或依赖他人；担心与他人亲近会让自己受到伤害。(成人：**逃避 - 恐惧型依附**；婴儿：逃避型依附)

C. 习惯于远离亲密关系，这样会觉得舒服；认为保持自立与自给自足是很重要的，不喜欢依赖他人或让他人依赖自己。(成人：**逃避 - 不在乎型**；婴儿：逃避型依附)

D. 想要与他人亲密无间，却发现他人不乐意像自己所希望的那样产生亲密关系；缺乏亲密关系就有些不自然，但有时也忧虑他人不像自己重视对方那样重视自己。(成人：**焦虑依附型**；婴儿：焦虑 - 痴迷型依附，或矛盾型、焦虑型、侵入型依附)

目前尚没有紊乱型依附相关的准确概念。人们在受到惊吓、恐吓或伤害，患上成瘾症、患上精神疾病或分离症时，就会陷入无序或紊乱状态。

共鸣技巧 10.1：治愈依附旧伤

治愈逃避型依附

如果你怀疑自己属于逃避型依附，与身体仅有那么一点或毫无连接，且想到亲密关系时感到困惑而非恐慌，你可以这样做以便为生存创造出更大的意义，也为增强自我与他人之间的联系：

要求自己把身体体验代入到语言应用中；让身体做好每日一练：将手放在腹部，感受一下你是否能接收到任何信息。如果你收到安全信号，那个区域就会感到放松且脉搏轻柔跳动。如果那个区域感到寒冷、紧绷或无动于衷，这是在向你传递信息。现在，将手放在你的胸部。你能否感受到心跳？如果你感到安全，那你的心跳与生活之间就会产生良好的反应。如果你感觉心跳加速或跳动缓慢、毫无生机，那么，它也会向你传递情绪信息。现在，触摸你的喉咙和面庞。你能感受到紧绷、紧张、痛苦或逼仄感吗？你能感受到任何刺痛或不适吗？你能感受到崩溃或被卡住的感觉吗？

试着在每次的非商业活动中至少观察一次你的身体状况，比如：

· "太有意思了！当我听到你讲起 ××，我都想让回忆倒带，重新回到那个时候。"

· "当我看到 ××，心跳就加剧。"

如果你喋喋不休地说了很久，却还毫无察觉，那么可以求助最亲近的好友：

· "喂！我很好奇在你讲述兄弟欠你多少钱的时候，你注意到身体有什么变化吗？"

设个闹钟，再定时做一下身体观察，专注观察胃部与肠道、心肺、喉咙与面部。

同进行共鸣共情会话的人或提供一对一专业治疗的人一起完成，并谈谈你的想法。

治愈矛盾型依附

日常生活中，你也许会听到，矛盾型依附被描述为父母与子女之间的纠缠或成人间的互相依赖。

· 想想和你最为亲近的人。如果你把他们每一个人和你画成一个圆圈图解，标上你与每个人的亲近程度，你的圆圈会与其他人相重叠吗？有部分重叠，还是整个都重叠？你的圆圈整个都在其他人的圆圈之内，还是无任何交叉？

· 说一下："我叫……（名字）。我不是……（他人名字）。"感觉真实吗？如果感觉不真实，你的体内有什么变化？将你的内在共鸣带入身体，对身体感知进行命名。重复这个词语直至你感受到它的真实。

· 思考一下他人让你感到烦心的习惯、行为。当你想到这些情绪词汇时，你的身体出现了什么状况？看看你是否能说出你的面部肌肉发生的变化。你感受到侮辱和焦躁了吗？渴望存在感及责任感？你怀疑那个人是否还活着？你希望他幸福吗？你是否相信这个人所选择的方法是正确的，即使他所选的道路与你的道路大相径庭？你害怕你的家庭变成这个样子？你渴望有人陪伴，承担共同的责任？你感到悲伤和孤独？你很喜欢联系与亲密感吗？将注意力转移到自我支持和自我认同，而非专注于掌控他人时感觉如何？你实际上是有价值和重要的，这一点很特别吗？

解决紊乱型依附的影响

无论何时，如果你沉浸在生儿育女或与某人恋爱的想法中，你就会充满恐惧、厌恶、羞愧或沮丧（有关治愈自我憎恶的相关内容，参阅第十一章）：

· 慢慢地走进你的身体，承认情绪崩塌的可能性并温柔对待自己。

· 看看有多少个层面的自我憎恶，你需要在温暖地拥抱自己之前，试着走出去。

· 最重要的是以共情之心回应自己的惊慌及恐惧。尽可能常常练习自我共鸣，并在感受身体情绪的时候留意一下自我共鸣。你感受更多的也许是身体与情绪的转变。

· 如果上述练习对你有所帮助，就继续做一下第九章中有关分离状态的练习，这样自我分离就会变得有一定的意义，你会对挺过情绪崩溃产生一种自我认同感。

· 继续通过上述自我共鸣的练习与冥想指南将自我调节融入你的生活中去。

"挣来的安全"型依附：无论始自何处，一起踏上治愈之旅

人们首先需要了解自己才能建立轻松的关系。而且，即便开始尝试治愈也会产生困惑。那么从哪里开始呢？就是当我们：

· 被关注。

· 被了解。

· 被聆听。

· 被准确地映射。

· 被理解。

· 身边有对我们的经历持有好奇心的人。

· 自己的想法被他人所了解。

在治愈内心的过程中，想要找到能共情和理解，也不居高临下地指点和修正你的人或场所是件难事，但这一点对治愈来说非常重要。这种品质是真正意义上良好的非暴力沟通实践小组、各种戒瘾治疗项目、小组治疗、社区以及为这些活动创造各种便利条件的支持小组所带来的意想不到的好处。

在进行此项活动时，回想一下你被深爱的那些记忆或有某种归属感的甜蜜时刻。这些都属于生命中的安全依附时刻。

如何培养孩子的安全型依附

与孩子相处时，改变自己的那些不良的、根深蒂固的依附模式是非常艰难的，但一次又一次推动我们改变的是温暖及接纳心。矛盾的是，由于人体的神经生物学系统尝试以旧习惯来赢得人际接纳，因此，改变的最有效途径不是转变所有，而是进入完全放松以及自我关爱的状态。

我们同孩子交谈的方式很重要，我们应在这些方面对孩子保持一定的好奇心：

·想法。

·记忆。

·经历。

·身体感知。

·情绪。

·渴望。

·热情。

·梦想。

父母同子女谈及这些话题时会唤醒并滋养他们的自我意识。当我们帮助孩子铺平人生记忆的道路时，也帮助他们培养了自我意识，让他们抓住属于自己的人生。我们常常认为，说自己对儿时记忆所剩无几的人们或许曾遭受过虐待却一直在强压怒火，忍辱负重，但现在我们才明白，谁能强颜欢笑让这些苦痛轻易脱口？我们能在轻松愉快的氛围下教孩子学习数学及开车，但我们可能不知道应该如何管理孩子的好奇心以及与孩子相处。

我们在生活中所持有的善意与理解越多，自身就能够变得更加有韧性；一个家庭所讲述的与自身相关的故事越多，我们就能够更好地了解自己，更好地与世界相联系，从而使自己的柔韧度增加。举例来说，马绍尔·杜克、安泊尔·拉扎勒斯及罗宾·菲伍什在相关研究中表明，经历过美国纽约世贸大厦的"9·11"事件的家庭中，听过事件当事人讲述家族史的孩子要比那些未曾听闻家族史的孩子做得好。

冥想指南 10.1：社区的依附

现在，让注意力回到呼吸上来吧。踏着呼吸的节奏，是否感受到穿梭的气流轻推你的肋骨。当你将注意力停留在肋骨最有生机的地方时，温柔地接纳它吧。如果你的注意力游走到身体其他部位或有其他想法，轻柔地将它带回到你的呼吸上。

来，闭上双眼，想象一下社区和家人都围绕在你的身边，就像是一张互相联通的网。对你而言最重要的人跟你有多亲近呢？他们与你之间的距离让你舒服吗？让注意力转移到你想象中离你最近的那个人身上吧。如果这个人与你非常近，甚至与你融为一体，那么让他向后退一步；如果这个人与你离了八丈远，那就让他再靠近你一点吧。不管哪种情况，距离的微妙变化会给你的身体带来什么改变呢？如果这种感知是一种情绪，那么会是何种情绪呢？隐藏在那个情绪背后的深切渴望——正直的、对自由和自治权的渴望又是什么呢？

如果有人靠近你，会让你产生濒临崩溃的感觉吗？如果有人离开你，你是否又会感到被遗弃？让你的内在共鸣与你相随，站在让你感到舒适或使你满意的位置上，为你搭建起一个富有同情并给予支持的安全港湾。让其他人稍微靠近你或与你保持一点距离，此时身体又会发生什么变化？产生了什么样的情绪？你最深切的渴望是什么？你是否感到筋疲力尽，需要希望、意义或信任的支持？明白自己就是正确的，这种感觉很甜蜜吧？你会按部就班地行动？你想要依赖共同体中的他人或家人一起进行治愈之旅，无论你做了什么或不做什么，都想徜徉在世界的温暖怀抱？继续跟随你的身体感知、情绪及需求，让身体做你的向导。

当你准备就绪，让注意力回到呼吸上。观察一下你身体的感受。最后，让自己的呼吸漂游在你的治愈畅想中吧。

练习冥想的意义

每个成年人都生活在依附类型中。最近，一项针对 10 000 名依附型受访者的调查结果显示，全球 24% 的人为冷漠型（逃避型）依附；50% 的人为安全型依附；9% 的人为焦虑型依附；16% 的人为"未解决的"情绪依附，也可能是紊乱型依附。70%~80% 的人终身都停留在一种依附类型上；20%~30% 的人可相对较快地在几个月或甚至几周之内就改变依附类型。依附模式可因创伤而变得最糟，也可因治愈而变得最好。

这些数字用另一种方式证明了治愈是具有实际意义的，大脑也会因此发生改变。人们在其依附模式下所感受到的温暖越多，他们就越接近安全型依附。当人们为安全型依附时，他们倾向于发展长期的关系，这也许是因为这种状态下他们能够更好地践行承诺，也能得到满足。

长期关系也可能会变得不安全。对于焦虑型依附的人们来说，与逃避型依附状态的人的人际关系可以成为非常稳定的关系，但却比不上更加安全的依附类型或共同成长为"挣来的"安全型依附型的人们那样开心或满足。焦虑型的两个人因彼此之间的敌意和不稳定情绪，他们的关系通常维持不了多久；逃避型的两个人之间，要么因缺乏连接而快速落入冷漠的境地，要么就是落入永久的疏远关系中。

许多生活方式与人生选择都受依附类型的影响。一个有趣的例子就是嫉妒。逃避型依附状态下的人们在认为他们所爱之人与他人有染时，更容易心生嫉妒。安全型依附或"挣来的"安全型依附的人们如果认为他们的爱人与他人有牵连时，也会产生嫉妒心理。

第十一章带领我们对如何将紊乱型依附的影响描述为自我憎恶，以及其应对童年时期创伤后遗症的方式这两个方面进行深层探索。

第十一章

原生家庭：和等不来道歉的人生和解

"我恨自己"或"我还不如死了算了"

（实际上，"自我关爱"触手可及）

自我憎恶与野蛮模式下的默认模式网络

自我憎恶的神秘之处在于从外界来看，它毫无意义可言。为什么一个完美无缺、灵巧聪颖的大脑要自我攻击呢，自我憎恶究竟在搞什么鬼，野蛮模式下的默认模式网络又在唱着哪出戏？我们曾了解过，创伤可隐藏于对自己冷漠刻薄的祸根之中，许多人都会时不时地对自己进行评判，但没有进一步滑向实质性的自我憎恶或自我讨厌的境地。一些人一直活在自我憎恶的感觉之下，让自己活得痛苦不堪。

当自我憎恶情绪作怪，人们很难抓住自我同情、自我关爱或内在共鸣发展的牢靠根基。与自我感觉的大脑连接无法共情，这是因为大脑被痛苦的旧模式"绑架"。

当世界变得冷漠无情，没有人在意婴儿降生的事实。比方说，当一位母亲有产后抑郁症或一个家庭在创伤的折磨中苦苦挣扎，也就没有人察觉到婴儿的情绪，也没有人给予其相应的回应。当接纳的强烈程度或活力程度仅为零时，婴儿那可怜的小身体就开始遭罪了。无需存在的那种感觉让人的身体感到相当不适（隐藏在焦虑或抑郁的祸根之下），这种情况可能会将一个人推向终身分离的深渊。

自我憎恶的默认模式网络试图进行一个不可能完成的任务：在

不能认同某个人及其生存的系统里为那个人找到一个栖身之处。这源于原生家庭之中。遭受创伤及分离的父母——自己没有栖身之处的父母，可能度过了一段艰难时期，甚至眼中都看不到自己孩子的存在，更不用说为他们创造空间了。这些在父母眼中成为"隐形人"的孩子们在成长过程中，几乎感受不到自己的存在对这个世界来说是多么美好的事情，他们总想做点什么。如果一个孩子的存在无法带来喜悦、温暖或关爱，那他可能会认为自己不应该来到这个世界上，然后就想变得渺小，钻进充满负能量的狭窄空间里，陷入进退两难的境地。

自我憎恶与紊乱型依附

利用自我憎恶的方式来适应内心世界和外界环境的习惯预示着一个孩子在成长过程中已经陷入了紊乱型依附状态。在这种依附形态中，神经系统对情绪封闭的回应是不可预测的，甚至到了孩子即使在与亲人的亲密关系中也变得紧绷不已，只有保持一定距离才能放松下来。亲密关系会让他们感到极度不适，如切肤之痛一般，这种感觉会让他们在亲密关系中行为怪异危险，进而导致情绪崩溃及暴力行为。

这样的生活状态令人厌烦不已，仿佛每个身体细胞内都被传染病侵蚀，还伴随着痛苦回忆。当仅仅是自己的存在本身似乎就能给别人造成巨大伤害这种感觉油然而生之时，那种痛苦时刻的回忆就如同连播的幻灯片一般没完没了。这种状态能持续数日，脑海中同样的事件反复闪现，人物通常是那些出走或过世很久的人，这种状态尚无良方可治，人们也无计可施。

如果创伤渐渐走向自我憎恶的道路，显而易见那再好不过了，然而，如果没有任何虐待记忆可以帮助自我憎恶成为必然之事时，这种道路也会让人困惑不已。为了彻底弄清人们为何扣动自我憎恶的潜在扳机，我们需要先了解一下厌恶和轻蔑。

厌恶与轻蔑对自我憎恶的作用

厌恶是为了达到某种重要目的而流露出的一种自然情感，当人们因误食变质食品导致身体不适时，这种情感就跳出来保护人们。想象一下生蛆的肉就能立刻明白厌恶是一种什么感觉了（呸！）。当人们感到恶心厌恶时，体温就会上升。这是身体对感染影响的自然回应。

由于厌恶与自我憎恶是并行不悖的两种情感，因此在谈论自我憎恶时也要了解厌恶的含义。当人们感到沮丧时，身体会不自觉地蜷缩。在情绪低落的母亲身边成长的孩子往往更容易产生自杀念头，这也是随后形成自我憎恶的一个征兆。当人们听到别人说自己是个少气无力、瘦骨嶙峋、肥胖、丑陋或不受欢迎（令人作呕或生厌）的人时，他们会说自己现在就是在经历自我憎恶。

如何把厌恶与一个人的身体或自我相连呢？这通常与人们在儿时他人如何看待自己是有一定关联的。婴儿可爱的样子很有趣，吃东西的样子也会令人很开心，他们把东西弄得一团糟的模样，看起来也很好笑、令人心情愉悦，甚至他们排便的样子都让人觉得是身体健康的标志。如果一位母亲沮丧消沉、情绪崩溃、饱受压力或虐待，甚至遭受某些强迫性精神或生理状态的影响，如强迫性神经失调、进食障碍或成瘾症等，那她就不大可能觉得婴儿有趣好玩，反而会视其为烦人精，是个让人生厌或令人崩溃的小东西。

婴儿需要大人的温柔目光。在其来到人世间的最初两年中，大脑的语言相关脑区处于生长发育阶段。当婴儿新形成的相关脑区变得兴奋活跃，就会在体内形成共鸣回应和舒适体验，这就是建立未来的安全依附形式——催生纽带与催产素（融合激素）的助推器，压力的自我调节以及具有成为人类的基本要素以及感知自己属于人类社会的能力。一代与一代之间存在着爱的传递，这种爱的传递可以温暖新降生的婴儿。母亲在出生时被给予了爱和温暖的怀抱，她就可以把这种爱和温暖传递给下一代。每个人都需要对幸福有更多追求。

孩子只有在被幸福快乐的目光注视时，才能茁壮成长。如果父母常常沮丧，患有强迫性神经失调、严重的逃避型依附或因高强度压力、成瘾症、家暴或其他创伤影响而精神涣散，那么，当他们看到自己的孩子时，目光就不可能是温柔的。这种情况下，婴儿对于饮食、被爱、拥抱或排泄的持续需求在父母眼里就会成为一种让他们心生厌烦的触点，这对婴儿来说是一种创伤。父母不是恶魔，他们无疑是爱孩子的，却因种种理由，不能给孩子过多的关爱。孩子会经历困惑及孤独，不得已在一边被父母悉心关爱与照料，一边却努力挣扎于内心根植在自我憎恶心理的父母所造成的怪异状态下生活。同时，自我憎恶的父母还会对孩子做出批判或厌恶的表情。

婴儿理解父母这种厌恶目光的唯一方式就是相信自己是被嫌弃的。他们不理解不堪重负、饱受创伤折磨或患有强迫性神经失调的父母究竟是怎么回事。幼童则倾向于把这一切都归咎于自己。抱团燃烧的神经元连接在一起。如果自我感觉与身体感觉总是和厌恶搅和在一起，人们就会继续相信自己是多么令人生厌，他们甚至没有察觉到自己会这样想。这是因为厌恶是一种生理情绪，人们常常会认为这种情绪信息是真实的。治愈之旅的一个环节是要明白厌恶的影响，将自我感觉从未曾感受到一丝愉快的早期经历中摆脱出来。

当然，当爱已逝，万事就变得更为复杂。无爱存在的事例包括：被忽视和父母的分离状态使一个孩子怀疑他是否真正存在；虐待让身体变得危险与脆弱；折磨与羞耻让身体饱受痛苦；情绪因面对任何形式的恐怖或暴怒行为、家人的轻蔑及耻笑而变得支离破碎。

轻蔑与厌恶略有差异，厌恶与有机物的腐烂、感染与分解变质有紧密联系，而轻蔑将人们从作为人类存在的自然状态中移除，是对他人的贬低、轻视或否定，但人们却很难承认这种心理状态会影响人体免疫系统。著名的美国心理学家、婚姻关系研究专家约翰·戈特曼在观看某段视频中的夫妇针对婚姻双方是否会出现轻蔑、批评、辩护和冷漠这一话题的讨论之后，能判断并预测他们的婚姻是否还能继续存续下去，且预测准确度高达94%。故意打击人体免疫系统，会使人对病毒与传染源变得敏感。这说明儿童与伴侣很难在受到嘲笑或轻蔑之后仍保持身体及情绪健康。

对他人不应作为人类存在、不配呼吸空气的这种轻蔑是最邪恶的根源所在。在日常生活中这种轻蔑随处可见：欺凌、种族歧视、对老年人的歧视，像仇恨犯罪一样残暴、屠杀甚至做出一般人无法想象的恶魔行径。这种蔑视其他人的行为标志着一种逃避型依附的极端行为，甚至可能会给自己与他人带来灾难。

从另一个层面看，厌恶与轻蔑如同传染病一般蔓延。为了给予更好的解释，我们需要先明白人们通过大脑去预测神经元细胞是如何参与到他人的情绪世界中的。

大脑概念 11.1：镜像神经元

当猴子看到其他同伴，甚至当它们看到其他人类时，大脑中的神经元就生成一种内在的动作预判，预测接下来要发生的事情。研究人员称这种能预判行为的神经元为"镜像神经元"——一种贯穿于大脑内的各个区域，尤其在运动皮层中的特殊的神经元，起到解释并预测他人动作的目的。当一个人做出某个动作，另一个人看到他人做出同样动作时，镜像神经元就被激活。比方说，一个人看到另一个人拿起一杯水时会预测这个人接下来要喝水或把水杯给其他人。面部表情是由肌肉运动（面部皮肤表层下布满了肌肉，鼻尖与下巴除外）构成的。理论上说，人类的这种持续预测行为是由镜像神经元的自动模仿功能而形成的，以便了解自己周边所发生的事情。

当一个孩子在婴幼儿时期所迎来的都是厌恶或轻蔑（可能是大人所想的某件事或东西的剩余情绪）的目光时，这个孩子可能会认为大人在对自己表示愤怒、厌恶或轻蔑，甚至在大人实际上只是在针对某物或某个人发泄这些情绪时也可能会这样认为。不管孩子所生活的这个社会是否存在敌意或仅仅因空虚单调、毫无回应，孩子常常会认为父母处于愤怒之中，是因为自己做错了某事。

愤怒是一种当人类认为事物对自己或所关心的他人造成某种威

胁时的情绪反应。父母无疑是关心孩子的，但免不了说话做事时带有愤怒情绪。如果父母在养育孩子时没能给孩子以温暖关怀，他们就会持续处于警觉状态。人们会持续对自己或孩子产生愤怒，情绪崩溃，也会对自己感到无助、无望、崩溃、痛苦及力不从心。人们迁怒于自己的孩子，真正的原因并不在于孩子做错了什么，而是对自身及过去经历的担忧。

在镜面神经元的作用下，孩子目睹并经历了父母所经历的事情。因此，当父母看到孩子时，除了感到愤怒、轻蔑或厌恶之外，还会感受到自我憎恶，孩子也会随之把这种感情代入自己，认为自己就是那个"罪魁祸首"。人们会将童年时期被强行灌输的情绪一股脑地融入自我憎恨恶及沮丧之中。在这种情况下，人们就被抛弃在一边，无法触及能够帮助他们摆脱自我攻击与蓄能的内在共鸣。因此，人们会一如既往地继续剥离自我，哪怕后果惨不忍睹，而他们已经对这种生活习以为常。自我憎恶是一种自我管理模式，这种模式源于用自我憎恶来管控自己与对方：在一段关系中权力更大的一方，如父母、老师、哥哥姐姐及其他重要人物。

为了治愈，人们需要明白那些批判的、自我憎恶的声音不是真实的，而是他们所学到的管理痛苦与惩罚自我的方式。因此，人们是可以看到让自己变得更好的希望。倘若一味相信那些消极的声音，就会一直困惑下去。那些批判的、自我憎恶的声音看似知道自己所云何意，但实际一无所知。人们迫切地渴望得到温暖和共鸣，让自己变得幸福，也能与孩子和世界融洽相处。如果我们通过把被爱经历刻画于内心的方式来理解自我关爱的话，是容易理解它为何意的。然而，如果自我憎恶感太过于强烈，人们将会阻止一切爱的进程，完全丧失理解被他人所爱的能力。

当人们在家庭或某个团体中没有一席之地时，就会自己创造出一个叙事体，用来解释所发生之事，而这种叙事体却写满了对他人的谴责：

"他们恨我。"

"我生活在由机器人组成的星球上。"

"这些人都是病态的。"

又或者，叙事体中全都是自我埋怨的字眼：

"我错了。"

"我有问题。"

"我令人讨厌。"

"如果没有我，世界会变得更好。"

你的叙事体是哪种？
是否觉得上述那些自我憎恶想法似曾相识？

读到上述内容时，要记得这些所谓的"自认为"仅仅是大脑赋予内心情绪与渴望的词语罢了，明白这一点是很重要的。这些词语都是大脑编制的，用来解释人们生活的现象而已。这些情绪表达将人们对痛苦或创伤经历的诠释进行浓缩，简明扼要却不含真实成分。

如果你在阅读本列表时产生任何身体变化，那就说明身体转变的时机成熟，正如一句名言所说："有感知，便有治愈。"记住，当我们可以感觉到身体内的变化时，大脑是具有神经可塑性的——它随时准备被治愈和改变。跟随本书踏上治愈之旅吧，减少对自己施加伤害，开始投入自我关怀与温暖的怀抱，计划并审视自己是否有情绪需求。当你阅读如下描述时，从中选择一个你最为熟悉或在探索随后的冥想指南时最符合你的身体变化的内容。

- 我出了点问题。
- 我一点都不招人喜欢。
- 我是不被社会认同的。
- 作为人类，我一无是处。
- 我是坏人。
- 我很懒惰，缺乏责任感。
- 我很差劲。我是个失败者，一败涂地。
- 没人理解我。
- 我让所有人失望了。
- 我没办法再生活下去了，我精疲力竭。
- 我是如此脆弱不堪。
- 感觉什么都糟糕。
- 我无法再忍受下去了。
- 我什么事都做不好。
- 我到底出了什么问题？我在这个世界上生存不下去了，我永远都与这个世界格格不入。
- 我病了，身心扭曲。我不配得到他人的关爱或理解。

- 我已身心俱疲，无法接受他人之爱。我太卑鄙，太令人讨厌。
- 我不值得信任。我无法进行人际交往。
- 我处于危险之中。
- 我胆小如鼠，毫无毅力。
- 我恨自己。
- 我简直有毒。
- 我太需要关爱了，但不受任何人欢迎。没人想和我在一起。
- 我丑陋、肥胖，不受欢迎。
- 我太愚蠢、太木讷，什么都学不会。
- 我什么事都完不成。

下面的冥想指南将带你踏上聆听伤痛往事的心声之旅。

冥想指南 11.1：改变野蛮模式下的默认模式网络中的一个故事

在你开始本次冥想之前，从上述列表中选择最让你深受打击和折磨、大脑默认模式网络反复提及或很难接纳的情绪表达。

现在，从你的手开始。移动并弯曲你的手指，转动你的手腕，你能否让意识进入你的手上？如果可以，跟随皮肤内游走的感知，随着它到前臂、胳膊肘、二头肌直至肩膀。你的肩膀依附着躯体吗？你的躯体是否让呼吸自由进出？胸腔中心脏跳动吗？你能感受到自己的心跳吗？呼吸一下，从一数到十，再观察一下你是否能感受到自己跳动的心脏。如果你能捕捉到心跳感知，就让注意力停留在那里吧。如果无法感受到躯体内的心跳，就让注意力回到鲜活的呼吸感知上吧。随着注意力游离，轻柔地将注意力带回到你的呼吸或心跳上。慢慢这样做，给自己三分钟或更长时间沉浸在呼吸与心跳之间或温和的注意力想要游离的任何地方。

现在，说出你所选择的情绪表达。当你大声说话时，注意一下你的身体是如何回应的。也许你会感到眩晕、涕泪迸发或躯体沉重。如果这些感知是一种情绪，那会是何种情绪呢？

也许是疲惫、挫败或无助的绝望？你是否渴望自我关爱？是否有认同的需求？是否渴望改变和转换？是否想要栖息于他人身上，让自己有片刻的休息？

是否难过？是否渴望能温柔待己、关爱自我？

是否困惑？是否希望有水晶般清澈的意识？

在你对真实感知的需求进行猜想之后，说出情绪表达词。你可能会感到腹部在燃烧，可能会感到害怕和羞愧。在情绪背后可能还隐藏着需求，这种需求需要他人的支持，需要被他人视为珍宝或者被他人所爱。和你的感觉与需求猜想待在一起，直至体内的紧张感放松下来。

重复这个过程，直至身体不再对情绪表达有任何反应，每次都要注意身体对痛苦的反应，身体信息会发生什么样的变化。

现在停止冥想，看一下你的身体是否更喜欢另一种真实的情绪表达。你会如何改变这些表达，让它们成为现实？

练习冥想的意义

当我们和有风险的信念打交道时，重要的是找到与这种信念相关联的、最为强烈的身体感知。一旦人们有身体感知，就能够发现开启改变大门的钥匙，人们可让脑岛（让人类给情绪赋予语言的脑区）来探测一下何种感觉及渴望能够引起这种信念。就像是在跟一个系了死结的线团较劲一般，盯着线团的一端线头，顺着死结的方向解开。当人们发现自言自语的内容背后隐藏着的情绪含义时，就放弃了"自身想法是真理"这种信念，开始把自己视为仅仅在讲述人生哲理故事的人。对于自我转变的信念——从"我不够好"到"我之所以始终认为自己有不足之处，原因在于缺乏家人给予的温暖"再到"我够好了，足够好了，好到足以好好生活，我愿意接受他人帮助"的转变。

将我们再次带回婴儿控制其情绪表达，不能与其母亲的情绪词汇相匹配的研究上来；这一问题就会呈现为：如果婴儿的情绪表达没有被大人所接收，那么这个婴儿身上会发生什么事？

归属感与接纳胸怀

对于人类来说，适于生活与归属感同人类生存之间的意义基本趋同。我所说的"归属感"貌似没什么特别含义，只是一个常规的代名词而已，但实际上，它却是我们所使用的最重要的一个词语。人们生来要同他人打交道，被他人所关爱。当孩子属于安全型依附时，就会在困难时期获得身边成年人的照顾，甚至不会有多少压力反应的增加：没有心跳加速、没有肾上腺素或皮质醇的激增。你也许会想起第二章所读到的，当我们看到一座小山，感到孤独时，这座山在我们眼里就比身边有人陪伴时感觉要高。当我们经历小伤小痛时身边有人陪伴，痛苦网络就不会走向孤独舔舐伤痛的黑暗道路。即使陪伴在侧的人是一个陌生人，仍会对痛苦网络产生有利作用；如果是一个亲密之人，那就更为有效。

你能回想起我们目前所学的有关"应激反应"以及"固化"内容吗？其他作者使用"容忍之心"一词来形容动物或人类承受的压力程度以及无需面对应激反应或固化反应状态，就可以从压力中恢复过来。当我们学习第十章中关于不同依附类型儿童的心率变化内容时，我们实际上是在学习每种依附类型的容忍之心。接纳胸怀是一个不同概念，描述伴随着温暖与理解之心的情绪表达与强度，且这种情绪表达与强度能够轻松地在人际交往中得以展现并引起共鸣。他人或自己认为这种概念是越界，导致不合适或不能被接受的行为的话，那就不在关系的接纳胸怀范围内。

人类早在出生后四个月、咿呀学语之前就拥有对人类系统中的强弱势关系——父母－子女、兄长－弟妹、家庭、团体、班级、工作团队、教会及亲密关系等等，人们所倾向的情绪表达和程度进行察言观色的能力。你可以测试一下自己：当依赖你的某个人难过或生气时，你是否能轻松地洞察这一切？如果比较容易，那就证明你对他人的忧伤悲痛之情要超过愤怒。

个人、家庭及社区的接纳胸怀或宽或窄，随我们所谈及的情绪的变化而变化。某个场所可能对刺激和恼怒的接纳胸怀要宽一些，但却对伤心或悲伤接纳程度很低。对于一个家庭来说，表达恐惧之情可能不是什么难事，但不能容忍愤怒。无论所表达的情绪如何，人类与内在共鸣所建立的连接越密切，人类所具有的稳定程度与自我连接的强度也就越高。

　　有趣的是，家庭与社区也接纳通过语言表达的动作、音量、强度和变化、肢体语言的生动程度以及面部表情的鲜活性所展示的人生能量。这是关于所揭示的内在表达程度的内容。对于孩子，甚至是绝大部分成年人来说，他们对于归属感的需求就跟离不开呼吸这一生命之源一样重要。如果一个非常活泼且生性善于情绪表达的孩子出生在一个缺乏情绪认同的家庭里，且这个家庭既没有任何储存的暖流维系孩子的情绪发育，也没有传授给孩子自我调节的技能，那么这个孩子就会使用愤怒—羞愧循环，即"自我憎恶"来学会自我管理。自我憎恶的强度仅在人们认同他人被家庭驱逐出门时才能被理解；这就如同把他人逼向死路一般，人们让自己变得足够渺小来寻求归属感，进而拯救自己死灰般的生活。

　　人类的社会职能及社会流动性越高，就越容易在社会关系中找到自己的一席之地。在给予情绪表达的接纳与共鸣理解滋养下成长的孩子已经在其神经系统上得到支持，足以养成社会参与的韧性状态。孩子可以解码社会暗示，读懂哪种情绪表达会被他人所接纳，进而调整自己的言行以轻松融入那种社会状态。无论身在何处，孩子都能够带着内在的归属感生活，自我接纳的强烈感觉足以支持他们表达自身想法及情绪，而无需顾及他人所发生之事。这样的孩子在成年之后也会引导帮助他人触及新的情绪领域。

　　如果你在愤怒、恐惧或伤心时，想要扩充情绪接纳的窗口，意识到自我分离或自我憎恶，你就可以运用本书中所学到的技巧。同理，当你对他人失去信心，拼命想要变得渺小以融入某个狭窄的社会空间时，也可以运用这些技巧。留意一下你的身体是如何进入与某个人或某个群体之间特定关系的细微差别，然后让你的身体畅游在它的情感与渴望之中。

共鸣技巧 11.1：拓展情绪接纳之窗

"有感便能愈。"当我们经历情绪洪流，就可能变得崩溃，不知所措，改变也就无从谈起。此时，重要的是要让自己变得温和，寻找将自己的情绪经历打磨得渺小，小到足以不被它们打败的程度的途径。正如我们在第二章中所学的，人们可以通过想象让身体中的细胞产生共鸣来温暖身体，也可以通过想象的距离让情绪变得可控。有时，人们可将它们的内在共鸣置于附近的山顶之上，再将注意力带入内在共鸣之内，然后从远处观察，以将情绪降低至足以发现感知边缘或情绪微差的程度。

如果人们想要拓展情绪的**接纳之窗**，就需要注意默认模式网络是如何自动对情绪做出回应的。比如说，当人们感到悲伤、羞愧、愤怒或恐惧时，大脑就会激活关心循环（第三章中潘克塞普情绪系统中一个自我关怀的自动反应），引导人们找到符合自身的成瘾性物质或行为。人们会发现手中有吃了一半的饼干，甚至都没有意识到自己在采取行动回应情绪。人们要问自己："在寻找自己的成瘾性物质或行为之前，我难过吗？愤怒、羞愧还是害怕？"如果这种感觉似曾相识，你就可以通过如下的冥想指南来缓解情绪，不再因为自己和他人的情绪影响而感到紧张兮兮、坐立难安。

现在，我们已经了解了人们可以让自己不言不语，以进入他人的情绪接纳之窗中，那么，也应该能够理解自我憎恶这个情绪工具的威力有多大了。当人们拼命想要让自己进入他人接纳范围却徒劳无功时，自我情绪就会发威。如果人们将厌恶的力量转移到自身，就可能会把自己逼到难以生存的境地，让自己卑微渺小，为一丝归属感的希望而苦苦追寻。

冥想指南 11.2：拓展情绪接纳之窗

选择一个让你自己颇感不爽的情绪表达的时刻。这个时刻可以是难过、刺激、愤怒、疑惑、怀疑、兴奋、不知所措、狂躁、焦虑或恐惧。

当你回想起那个时刻，你的体内感受到了什么？注意一下收缩和紧缩之间的细微差别。这种感觉出现在哪儿？面部某处？面部通常是最易让这种感觉开始游走的地方。鼻子周围没有任何感觉吗？这可能是你感到厌恶或轻蔑的地方。在你唇周？有时，我们会觉得嘴角微有悲伤或愤怒。在你的眼角或者在你眉毛之间？是否有困惑，有一丝害怕、疲惫？

当你触及这些隐藏的情绪时，你认为最为重要的是什么？

是情绪本身难以忍受、无法解决还让人不爽？你是否觉得即使给这些情绪命名也无济于事？这种情绪是否就是你的家庭未知或未曾命名的情绪？这情绪是否迫使你弯曲身体，把自己硬塞进一个充满消极空气的空间，以至于无法生存？无法引起共鸣的情绪会在胸腔或肠道内形成空虚感。如果你的情绪表达是沉默无语的，那就可以想象一下载着柔和的音符，轻轻地应答"当然"，让它来到每个微妙情感之中。

如果思绪让你回忆起其他人的情绪表达，你是否需要对那些曾经让你颇感负担的某人的情绪表现得认同？你渴望完全从他人的情绪表达中挣脱出来？渴望对自我负责？想要生活在人们都心态平和、能够自己抚平烦恼和挫折，而不是在别人身上肆意撒气的世界中？你希望每个悲伤的人都能够得到关心，而不是将责任抛给你？

当你陷入自己或他人的情绪时，有没有你想要命名的轻蔑或烦恼的情绪？你是否偶尔也想要生活在毫无情绪的世界中？或者，你是否厌倦人们隐藏自己的真实感受，你渴望言语表达而不是无动于衷？

是否还有对意识的其他渴望？是否还有其他想要命名并与深度梦想相连接的情绪？

重新思考一下你的身体对情绪经历的反应。现在，你的体内出现了什么变化？下一个需要命名或对待的微妙情绪变化又是什么呢？

如果你发现厌恶情绪冒出来，就想象着把情绪的温床给抬起来，看看下面究竟隐藏着什么让你害怕或生气的东西，轻柔地对待所有真相吧。如果你发现冒出来的是轻蔑情绪，那就给这个情绪命名吧。

再一次观察你的身体。当你想起先前的情绪时，身体感知的变化就说明你的神经可塑性开始被激活，共鸣也将带来接纳之窗的转变。

练习冥想的意义

本次冥想触及本书的核心问题：如果人们在与家庭的最初经历中有那么一丝理解或和谐的话，他们是如何学习在情绪上给予自我支持的？冥想将你已掌握的连接身体与解码身体情绪的技能运用到自我联系的最深层核心部分，由此给身体与大脑带来实质性的改变。

将接纳之窗融入自我憎恶的理解

如果人们的情绪接纳之窗狭窄且自我缓解能力尚且不足的话，该如何是好呢？无论如何，都得想办法让自己冷静下来。如果用共鸣的方式也无法安抚自己的话，那人们就会用尽一切手段克制情绪，让自己融入社会。

克制情绪的一个方式就是换个环境以保持冷静。比方说，让房间干净整洁，安静无噪声也许就会让自己冷静下来。如果人们在家里能够做"该做"的事情，情绪就会变得可控。

如果人们不想转换外部环境，就会试图通过自我责备与羞耻心来管控自己，把自己束缚在那个狭窄的接纳之窗中。想要融入人类社交圈的强烈欲望，会令人们不择手段地挤进圈内。如果人们所进入的那个圈子对情绪表达的接纳范围也非常狭窄的话，那就会导致"自我责备，情绪崩溃，自我责备，又情绪崩溃"的怪圈出现：做了错事而自责，情绪崩溃陷入自责，接着因为情绪失控又陷入自责、自我警告，然后又开始因做错事而自责，情绪再次崩溃陷入固化状态。当然，这不是一个持续不变的循环。

让我们来看一下第四章中自我苛评的波及范围吧：

· 冒犯、贬低、谩骂。

· 对比与衡量。

· 不满与渴望完美。

· 不符合人道的期望。

·闪烁其词的表达:"我总是……""我从不……"。

·错误的核心信念:"我不够好""我有毛病""我不属于这儿""没人关心我""我不能再爱了"。

我们要记住,苛评的声音不具备理解、同情、怜悯或仁慈功能,也不知人性或完整性为何物。自我憎恶的怪圈可视为人类存在与试图变得足够渺小以融入某个特定圈子之间的一串串"跳跳球"。人们可能会将其憎恨和责备的枪口向外瞄准,但如果人们把枪口对内的话,怪圈的运作原理就形成了。

自我憎恶循环

(1)我们之间发生了某些想要分享的事。

(2)用语言表达。

(3)如果我们不陪伴自己,就会完完全全地在依赖他人的回应。观察他人是否接收了自己的言语表达,如果没有被接收,就会陷入羞愧或情绪崩溃,而这正是自我憎恶循环的开端。我们太过于自大或过分。遭到社会排挤的感觉越强烈,人们所经历的伤痛就越多。

(4)我们因做错事而自责,通过对比、批评和衡量来自责。(应激心理可能会将我们从固化状态中解封)

(5)我们以羞愧、后悔及无望(更多情绪崩溃袭来)来接收自我苛评信息。

(6)我们将冰冻固化作为产生更多轻蔑、厌恶及自我憎恶的基础。(随着我们进入自我憎恶状态,可能会促使自己产生应激心理)。

（7）我们会经历更多的羞愧与精疲力竭。

（8）如此往复，无休无止……

这就是自我憎恶运行下的自我管理模式。该模式试图将室内火炉的温度调高，让整个屋子都控制在一个很小的温度范围内，周而复始，生生不息。当一个人伴随着这种循环成长，并以此作为其自我管控的工具时，他就会不断感到疲倦。只要他坚信这种情绪循环，就会不断陷于不解、困惑及情绪崩溃状态中。这种循环也会令其跌入压抑的深渊，动弹不得。

阻止自我暴力的第一步就是要认清这种自我管理的模式。人们只是想利用刷子蘸上那么点自责的墨渍来掩饰自己罢了，毕竟这是成长的家庭所传递的方式。有些家庭甚至都不知道温和、明确的共鸣之刷的存在。

当一个人以内在共鸣为工具，带着自我同情的心绪来调节情绪，阻止自我攻击时，改变油然而生。自我憎恶的治愈道路也许是如下这样的。

自我憎恶的治愈步骤：

·弄清楚自我憎恶、自我厌恶以及自我轻蔑的概念："啊，那些就是我对自己所做的事情啊！"

·辨认并理解评判声音的内在渴望："我的内在苛评中有不值得信赖的声音，我必须控制点情绪。"

·辨认"哎哟！那好疼啊"中自我憎恶的声音。

·选择一个方法："嗯……哪种冥想方式最适合我呢？"

·触及内在共鸣："如果我用温暖包容关怀自己，会有什么变化呢？"

·将自己从羞愧、轻蔑及厌恶情绪中解救出来："哦，这就是我，我其实什么也没做错，只是尽我所能来照顾和保护自己罢了。"

·按照"完成程序，跟随冥想，寻求帮助"这个方法做。

·让他人参与进来："哦，你爱我吗？太好了！"

大脑概念 11.2：受虐经历对大脑的影响

情绪不适警报：以下内容中含有暴力与性暴力的信息。因此，如您感到不适，请跳过此节内容。

我们一直从学术角度上讲紊乱型依附以及创伤的影响，而没有提使孩子感到恐惧、使大脑断片分离以及制造混乱的行为类型。发生在孩子身上的痛苦与艰难之事在对大脑产生一定影响的同时也造成了情绪及记忆上的断裂。

恐怖事件会使人们分裂。恐怖感让大脑停止工作，淹没功能系统，将记忆炸得粉碎。在恐怖事件所造成的极端情况下，它还会将人们推向冰封固化的境地。因此，重要的一点是要了解人们如何拿出勇气来面对他们的世界，人们如何才能承受他人的情绪表达强度——甚至在没有只言片语、没有嘶吼或肢体暴力的情况下，恐怖是如何让人们的大脑一片空白的。这样的理解在诠释紊乱型依附的影响方面发挥着重要作用：如果父母受到惊吓或本身行为较为恐怖，他们就会在孩子的大脑中烙上紊乱型心理的印迹。

如不经过持续的沉思，人们是无法将支离破碎的自我重新缝合起来的。有鉴于此，继续让孩子暴露在令人恐怖的监护人面前就会让他们分裂。这意味着贯穿于杏仁核的断连的神经网络（内隐记忆），与代表年代与清晰自传体（人类的外显记忆）的海马体接触极少。

大脑受虐待行为的影响主要体现在以下四个方面：

- 大脑边缘系统中的易怒行为及不规则的脑电波。
- 左半球大脑发育欠缺。
- 大脑半球在相互沟通交流方面出现问题。
- 小脑中的异常活动。

鉴于这些影响都指向大脑半球，为了全面了解虐待与忽视对大脑的影响，我们首先需要回忆一下在第四章中所学的有关左右大脑的知识。两个大脑半球都有助于人类的幸福，但当一个人受创伤影响时，两个脑半球体就很难正常运转下去。左半球大脑给人类提供行动的动力，用语言将人类的动能和努力融合在一起，助人类完成任务、实现目标。

当人们受创伤影响，左半球大脑运转的能力就会大打折扣，如果人们从未有过共鸣，右半球大脑就不会整合成一个对自我关心和对自我温暖有效的结构。当我们被温暖与理解包围，就能收获情绪健康的右半球大脑的果实——整合且有韧性的纤维。

下文部分内容是关于造成紊乱型依附的父母教养行为与该行为在儿童大脑上烙下的印迹以及这些印迹如何影响他们的生活。（如果这些信息对目前的你没有多大帮助，那就先跳过这一章节。）

身体虐待

生理虐待包括但不局限于：拍打、打屁股、痛揍、抽打、打耳光、猛击、掐、戳、揪头发、摇晃身体、用脚踢、用火烧、推下楼梯、开车碾轧、遗弃（抛弃在外，扔在马路上或扔给其他邻居并置之不理）、强迫受虐者运动、把受虐者身体置于冷水或滚烫热水中。身体虐待对大脑造成的影响还包括颞叶与边缘系统中有 38% 的罹患癫痫的可能性（脑颞叶癫痫症）。

情绪虐待、言语虐待与目睹家庭暴力

言语虐待包括辱骂、轻蔑的比较、嘲笑、羞辱、强迫受虐者当替罪羊、轻视（被他人说成敏感过度、过于幼稚或毫无幽默感）、威胁、胁迫、否定、喊叫和尖叫。人们遭受情绪上的虐待——包括来自父母及同龄人的言语虐待（欺凌）或目睹家暴时，就很有可能导致左半球脑电波的异常放电。左半球所出现的这些问题与发育不良也会出现在其他形式的虐待情况中，但在精神虐待方面表现尤为突出。

忽视

忽视行为也许在最开始时看似没有实质性虐待所造成的伤害严重，但如第二章所述，饱受严重忽视行为影响的大脑重量要比正常大脑轻得多。大脑是需要人际关系来滋养的，如果人体大脑缺乏人际关系的滋养，就会处于饥饿状态。忽视行为既伤害男孩也伤害女孩；男孩在忽视行为下所遭受的伤害表现要比身体或性虐待严重得多。忽视行为使人们更易于生活在恐惧之中，并对危险反应过度，导致代谢功能紊乱、压迫免疫系统、刺激炎症反应和神经元反应过敏并增加罹患癫痫的可能。

羞辱与隐私滥用

被羞辱与公共场合下被人嘲笑是一种旧式虐待，但现在却被赋予了新的场域：互联网。在互联网诞生之前，父母可能会跟孩子讲一些痛苦的故事或在他们身上贴上"标签"，逼他们进入社会。如今，父母把孩子经历情绪上的艰难时期的视频发布到网络上，这就是一种虐待形式。孩子们也会因大脑失衡、创伤、虐待及家庭问题而乱发脾气。当父母擅自拍摄这样的视频并发布到网络上，会给孩子带来无法弥补的伤害和羞耻感。来自同龄人的羞辱也如此。在未经当事人事先允许的情况下就将其个人信息公布于网络上的行为是一种对他人信任甚至人格的侵犯。

如果你曾经历过这种创伤，尤其是在你意识到这种伤害或侵犯发生的第一时间，以内在共鸣来拥抱自我、支持自我，这非常重要。这些令人震惊与恐惧的时刻必须得到共鸣与认同，且需对这些侵犯或伤害给受害人所带来的损害表达哀伤。

这意味着经历过虐待的人就毫无希望了吗？当然不是！大脑极其复杂，具备不断成长和改变的能力。人们可能无法改变某个虐待事件所留下的结构性痕迹，但可以生成新的且有益的纤维，这些纤维能够帮助人们修补或补偿痛苦所烙下的印迹。人们得把自己当回事，认真对待自己。只有当人们彻底了解了游走在体内的恐惧的程度，搞清楚如何才能令神经系统平息之后，那个小小的自我才能慢慢放松下来，人们也才能将封冻在断连的脑区中的生命能量融化。

解开羞耻的神秘之纱

人们具备把自己打磨成社会人并形成社会归属感的能力。正如我们所学的，人类几乎不可能在生理上接受超出一个家庭、一个团体所能接受的情绪表达强度。超过可接受程度的情绪化或情绪强度所换来的代价就是一连串的身体感知的波动，即羞耻。这些身体感知还包括上背与颈背肌肉发紧、脸部与胸部潮红、难以仰视他人的目光、恶心及非明确性的疼痛感。伴随着羞耻感所产生的自我意识与其他情绪相比，人体的皮质醇水平明显增高了许多。此外，自我意识情绪也会增加感染炎症、损害免疫系统的风险。这就是归属感对人类的重要意义。羞耻在体内所产生的神经生物学方面的反应同之前所提及的虐待影响相似。所有这些状况都会对人类的精神、生理健康和幸福感带来长期的影响。

社交场合下抑制情绪表达的一个最显见和直接的方式就是以轻蔑态度诱发羞耻感。由于诱发羞耻感可以有效地让他人安静下来，父母与老师普遍使用这一手段来约束和管理孩子的行为。孩子在长大后，也沿用其所经历的这种羞耻感诱发手段来掌控自己的情绪，他们可能会这样对自己说："你怎么能这么蠢呢？""真是个白痴！"

或者"你什么时候才能长点脑子啊？"

有时，羞耻感也令人迷惑不已。人们在社交场合下会突然冒出莫名的羞耻感，却不清楚这种羞耻感从何而来。在这种情况下，人们需要明白当自己把人生能量、个人奉献或人性弱点的触枝伸向他人，却得不到认同回应时，就会造成情绪崩溃。想象一下，当一个人把情绪桥梁抛向对方，却在中途被摧毁的情景。举例来说，一个人在一场鸡尾酒晚宴上开始讲一个笑话，讲到一半时，三五成群的人们转身同其他人兴致勃勃地交谈，讲笑话的这个人就不得不独自面对情绪崩溃。如果没有人同他搭建另一半桥梁，没有抛出任何回应，其神经生理学上的负担就太过于沉重，无法自持，尤其是当这个人心理脆弱或拥有较少权利、支持或资源时。当他人能以言语或肢体表达同这个人产生共鸣和认同回应，情绪桥梁就会成功搭建，得以支持。

羞耻的神经生物学表现形式多样，有时会抛出应激反应，还自带一连串警报和皮质醇指标；有时又透过人体表现得呆若木鸡，神志不清，清醒（人体的能量与信息流走向分离状态的一个征兆）过来后却是无助与顺从。在潘克塞普的情绪系统中，羞耻感是惊慌 / 悲伤系统中的一种表现形式，它能够降低内源性类阿片肽与催产素的水平。因此，说它是一种既糟糕又难以复原的情绪经历也就不足为奇了，难怪人们想尽一切办法也要寻找归属感。

共鸣技巧 11.2: 从羞耻走向自我仁慈

一旦产生羞耻感,就要面对建立自我共鸣的内在挑战,因为羞耻感是一种微小创伤,是人们内心孤独、无人陪伴的那些时刻的缩影(自我陪伴不是羞耻之事)。回想一下第六章中介绍的,当我们踏上时光之旅,扬起创伤治愈之帆时,我们让周围环境凝结固化,变得安全。渲染羞愧色彩的内在环境并不安全,这就是在那种情况下很难引起共鸣的原因之一。人们很难冰冻住轻蔑的自我,让羞耻心爆发的自己清醒过来去拥抱共鸣。于是,人们可能需要从把共鸣带给那个批判的自我开始。

第一步是要找出那个充满羞耻心的一部分自我是不是已经游离他处。可采用的一个方式就是同自己交谈:"如果我现在正蔑视或厌恶自己,那是因为我太重视……(诚实、承诺、忠诚、正直、理解、关心等等——选一个最符合你情绪的词语)。"这样的扪心自问是不是让你的身体稍微放松一些?

接下来,看一下哪种共鸣可以对症治疗羞愧的自我。有那么一个时刻,安心宽慰可以真正地给予自己支持。"我有必要知道自己有归属感吗?无论这种归属感是什么,没人能抢走我的归属感吗?我很宝贵吗?我有必要知道我自己没事吗?我渴望明确知道自己对大家来说是很重要的吗?知道自己是被他人所需要的?"

重要的是去探索、创造并留意什么才能真正增添你的幸福,这样你才能够在羞耻感把你拖入崩溃的时候重塑自我,重获支持理解。

关于自杀的想法

挣扎在自我憎恶与紊乱型依附深渊的人们常常会感到疲惫不堪、厌世弃俗，他们认为死亡是可以让内心平息的方式。那种无休无止的厌倦感透入骨髓，让人痛彻心扉，这也许就是刺激人们萌生死亡念头的情绪：脑海中不断闪现出把车飙到悬崖边，思绪在看似平静祥和的空间里肆意飘荡的画面。然而，还有许多人则会让思绪更加疯狂，濒临真实自杀的边缘，一次又一次地尝试着亲手了结自己，那些自杀"成功"、离我们远去的人实在太过于不幸。

精疲力竭就是"有毒的"默认模式网络的"杰作"。如果停留在厌恶、自我憎恶以及自我讨厌的生活状态，哪怕仅是片刻也会让人疲惫不堪，更别说日夜如此了。绝望与丧失生活意义如影相随。所有这些感觉都迫使人们远离自己的生活能量，置他们于不断贫乏的资源库中。

饱受创伤、受尽苦难与生活之间的关联影响深刻。经历四种以上不同类型的童年不幸经历的人们与从未有过此种经历的人们相比，更容易产生抑郁情绪。如果他们在第六章所描述的童年不幸经历相关的问题中有 70% 以上的回答为"是"，则其就有 30% 的自杀倾向。在所有自杀未遂的案例中，有三分之二至五分之四的人都曾有过童年不幸经历。因此，开展让我们重拾温暖（如果从来没有感受过温暖，那就创造温暖）、温柔对待自己和他人的治愈工作可以带我们远离自杀的想法和行为。

自杀的原因包括与自我艰难相处的关系以及创伤型大脑损伤的影响、药物的副作用、经济与就业困难以及"自杀传染"。对于成年人而言，身边或家庭中有自杀倾向的朋友或家人，让他们同样具有罹患重度抑郁症的风险。

面对身边某个人自杀逝去时的情绪崩溃、悲痛以及迷惘的感觉是麻木不堪难以理解，且永无止境的。这种自杀行为给人的冲击是无法衡量的。当所有的努力都化为泡影，就仿佛地表炸开了一个裂谷，把人活生生地吞下去一般。

木已成舟，共情也无法改变已成定局之事，但是我们能够向患巨大精神创伤的逝者亲人报以同情，学会给予他们鼓励和支持，让生活不再那么艰难。

自我憎恶：紊乱型依附全局中的助推

紊乱心理（虐待影响的后果）代代相传，即使后代并未受到任何虐待。你可能会想："好吧，我明白一个可怕、总是谩骂或疏忽的监护人是如何让人身心俱疲的，但为什么他要说可怕的监护人呢？"是监护人才使我们有了生存之地，孩子依赖他们，希望他们能够陪在自己身边，对自己的情绪做出回应。当孩子望着他们，却发现了令人恐怖的眼神时，孩子们的生存之地就被瓦解，这种经历会让神经系统运转的脚步停止，就如同完全被自己的父亲或母亲吓到一样。此外，没有人能够承受在持续不断的恐惧中生活，而且受到惊吓的监护人可能会走向分离状态，也就是说，他们不能明白或无法回应孩子的情绪交流。被忽视的孩子独自走在陌生的世界，也无从了解自己。这就是受虐待和忽视影响的下一代紊乱心理的伊始。

如果孩子已长大成人，即使明白房间是安全的，但心理上也会因一直未能阻止恐怖与紊乱情绪传递给后代子孙而饱受巨大的痛苦、遗憾及悲哀。如果真是如此，我们需要给予自己极大的温柔和认同，提醒自己，只要我们活着，就有修复的希望。

卡丽的故事

读到这些文字的时候，我感到心中如针刺一般疼痛。我是受虐待影响的第二代子女，我的父母待我温柔，但却不能好好地回应或理解我。我的母亲常处于分离状态，对我毫无回应，虽然对我从未有过身体虐待，但她的状态有时令人恐惧。因此，儿时的我备受困扰，对缺乏韧性、抑郁以及自杀想法感到困惑，也搞不清楚这些困惑到底是从哪儿冒出来的。我仍记得我是如何不了解我儿子小的时候，我也无法理解他的情绪世界。有一天，一位朋友问我："你没看到你儿子害怕的神态吗？"那一刻，我突然意识到，她是对的，但问题是，我根本感受不到儿子的情绪。我可能与他相处时的态度和情绪是很令人恐惧的。我与儿子追逐嬉戏，却没有告诉他，他的尖叫是一种令人恐怖而非愉悦的声音。我感到悲伤、后悔和羞愧，我多么希望15年前就能明白这一切，那样就可以给孩子更多的关爱和回应。我的眼中泛起泪花，希望莎拉在创作此书的同时，能够为天下父母打开一扇阳光的大门，让他们拥抱同情与温暖，帮助他们摆脱想要为孩子所做却未能做的困惑经历。

当我们逐渐懂得这些想法，就能够为内在共鸣的重要性留出空间，告诫自己要始终拥抱温暖、建立连接以抛开自我苛评，挺过艰难人生。随着人们以同情与温柔对待儿时经历过苦痛，却努力活出最好样子的孩子时，他们的伤痛也就开始愈合。

第十二章

抑郁症：比起吃药更需要被爱

"生活毫无意义"

（事实上，"我可以找到丰富的生活，创造意义"）

情绪崩溃与抑郁

人们会连续几年都生活在抑郁笼罩的阴影之下，早晨起床、刷牙、洗澡和吃饭这样稀松平常、芝麻大点的小事都因抑郁而变得异常困难。人们会尝试不同的方法让自己有所行动：自我责骂、自欺欺人、祈祷或提醒自己该做的事。对落后于他人的恐惧感常常是激励人们起床站立的工具。

当内在共鸣成为现实，成为时时都可触及的情绪抚慰时，改变悄然而生。当一个人晚上准备入睡时，可以想象一下给自己盖上以渴望认同编织的暖毯的情景。人们能够以真实温暖自己的胸膛，让抚慰与舒适依偎在腹部，让一丝支持与温柔抚摸头部。

清晨也会一改前状。当人们醒来时发现自己被温暖怀抱着会是何种情景？当人们仅仅是不想离开床，而不是用轻蔑的口吻问自己："你已经累了，情绪濒临崩溃，是吗？你渴望有点喘息的空间？你想要获得使自己变得高兴的能力？你在想它上哪儿去了？你想要得到满足感，想要别人接纳这样的自己？你想要日子过得顺心，想要生活轻松，想要他人迎合自己，而不是自己处处迎合他人？"

如果这是人们一天中所遇到的第一个经历，他们就能不费吹灰之力地从床上起来，以调谐的目光看待这个世界。人生开始苏醒，人们在面对抑郁时会变得更加有韧性。

如果只是轻微抑郁，那就更容易产生上述变化；如果抑郁程度较重，虽然改变不易，但仍有希望。以下为处在抑郁阴影下的人们的几种生活模式。

关于抑郁症状

抑郁可在顷刻之间降临到一个人身上。抑郁可以强烈到使一个人的生活发生翻天覆地的变化，也可以是表面看似温和却能侵蚀身心多年的程度。当人们生病、戒瘾或处于长期压力时，抑郁就可能找上门来。当人们经历某种创伤，尤其是失恋或永失所爱之人时也易患抑郁。有些人甚至可能因持续的阴雨天气、月经周期，因荷尔蒙波动或更年期而产生抑郁。

有些人可能会终生活在抑郁的阴影之下，尤其是当他们的母亲患有产前或产后抑郁症时，这种可能性会更高。人们想要融入本不受欢迎的家庭或虽然被家庭接纳，但父母却没有丝毫让其感受到对这个世界的归属感时，就把责任归因于自己不好、讨人厌或做错事，因而就可能患上抑郁症。近半数的抑郁症患者有焦虑症，近半数的焦虑症人群也同样患有抑郁症。呈现双相抑郁倾向的抑郁症患者的症状可随着狂躁或过度亢奋而变化。在这种情况下，狂躁症使人情绪高涨，思维奔逸以至于思维脱离现实，变得不合逻辑。

有时，抑郁症看似只是大脑反应迟钝的杰作；大脑不再对任何需求做出回应，就像是每件事都沉淀为一种痛苦、心力交瘁的沉寂状态，只围绕着那些痛苦折磨而变为行尸走肉，丧失做任何事情的动力；苟延残喘也只是因为这一切都是无意识而为之。

　　阴影笼罩下的人生不同于生命仅是刻上悲哀与忧伤印迹。前者更像是黑暗的重力比以往都更加猛烈，人们没有足够的能量托起瘫软的躯体去进食、睡觉、自理、工作或进行人际交往。"快乐"一词对于他们而言毫无意义，大脑仿佛被掏空了似的，所有供能资源都被吸走。因此，患抑郁症的人如果不能获得支持，是很难走出抑郁阴霾的。挣扎于抑郁痛苦的人们需要帮助，但即使是建立寻求帮助的希望也是困难重重。

抑郁症的早期征兆与症状

·悲伤或闷闷不乐。

·即使是面对琐碎小事时也易情绪过敏或易受挫折。

·对他人或自己的表现、努力不满并且是长期、持续的不满。

·对自己的表现或努力的言语表达支支吾吾、闪烁其词。

·丧失对日常活动的兴趣或乐趣。

·性欲降低。

·失眠或嗜睡。

·食欲变化：食欲降低，导致体重下降，或暴饮暴食，导致体重增加。

·易受刺激或坐立难安，比如来回踱步、搓手或无法坐着不动。

·易怒或怒不可遏。

·思维迟钝、言语不清或肢体运动不协调。

·犹豫不决、注意力涣散、难以集中。

· 疲倦、疲劳及精力减退，甚至一些小任务也要消耗大量的精力。

· 感觉自身毫无价值或内疚自责，一味专注于曾经的失败或事情出现差池就会怪罪自己。

· 难以思考，难以集中注意力，难以做决定，难以记住一些事情。

· 常有死亡、垂死或自杀的念头。

· 毫无缘由的哭泣冲动。

· 不明原因的身体问题，如背疼或头疼。

让我们来思考一下诱发抑郁症的因素吧。明白抑郁症也是有诱发因素的这一点很重要，由此，我们就可以推断走出抑郁阴霾以及彻底摆脱抑郁的引导因素。有时，了解这些诱因有助于人们自我衡量心理滑坡的状态，也可告诫人们不要再因为无法做某些日常的自理活动而自责。

抑郁症的潜在诱因

· 长期压力。

· 依附创伤。

· 失去生命中重要的人（失恋或死亡）。

· 大脑的错误情绪调节。

· 摆脱成瘾症。

· 母亲患有产前或产后抑郁症。

· 基因易损性。

· 荷尔蒙波动。

· 让人感到压力的生活之事，包括贫困与被虐待。

· 专业、职称或职场相关的损失。

· 财务、安全或安定方面的问题。

· 轻微的季节性变化。

· 医疗问题。

· 药物。

· 野蛮模式下的默认模式网络。

抑郁与创伤

痛苦的童年经历使一个人更易患上抑郁症。人们所经历的创伤类型越多，罹患抑郁症的可能性也就越大。换句话说，儿时所经历的困难和痛苦越多，所需忍受的各种虐待和家庭所要经受的苦难也就越多，你会发现生活变得越来越无意义，还要挣扎于无望与精力不足的痛苦之中。读到此处，你也许会想："那又如何？我的人生之所以苦难重重，是因为父母待我不好，让我步履艰难，那么改变的希望与承诺在哪儿？"人们学会以温柔待己并让自己的人生充满意义的程度越深，对待自己与他人的机会、选择就会越多。

治愈之旅非常重要。抑郁对你、朋友、邻居、儿子及孙子施加负面影响。一项针对重度抑郁症患者的研究发现，几乎所有的抑郁症患者父母都是以"无情控制"方式（意思是父母只是冷酷地告诫孩子该怎么做，约束他们的行为，在此过程中毫无温情，也没有任何爱的表达）来养育子女的。在此项研究中，所有研究对象的免疫系统炎症都有所增加；儿时在生理需求上被忽视和虐待的情况越多，免疫系统所受的影响就会越大。

了解了这么多有关抑郁症的内容，感觉如何？当你渴望得到支持和放松时，会感到沮丧吗？注意到你的身体发生了什么变化？确认、肯定和共享的现实中是否感到一丝安慰？你是否好奇，想要了解更多信息？又一次揭开伤疤，是否让你感到胃肠不适？需要对情绪崩溃的认同？需要加大"希望"剂量，再配点"乐观"和"信仰"的佐料？

共鸣技巧 12.1：温和与认同

治愈抑郁最重要的两个技能就是：（a）明白如何拥有细腻的温柔；（b）认同对于抑郁的自我而言真实存在的部分，而不是让他出错，要让他认为那个抑郁的声音是真实存在的，两者均是自我关系中自相矛盾的立场，都要求"同某某在一起"，但同时想起那个未抑郁的自我，想重新获得生活的力量和安逸时，不要求任何改变。

最有帮助的姿态是一边追求最好的自己，一边不去强行推进。这种对待自己的温和方式就是存在与陪伴的温柔，它让温柔与舒适飘进严酷与缺乏活力的抑郁阴霾中点亮温暖。

这里所需要的认同是指对于抑郁的自我部分而言真实存在的部分："你需要对这种难以忍受、毫无生气的生活状态给予认同吗？""你需要一些对于这个世界没有任何希望的共享现实吗？"这样说有些激进，你也许会抗议这种刻板、刺耳的言论。但如果是从探索抑郁的自我的真实感受角度出发，来询问这些问题的话，结果会非常有趣。因此，在你尝试之前，不要妄下论断。你可以现在尝试一下：作为个体你想要认同的最为抑郁的事情是什么？问一下那个抑郁的自我，他是否需要一些认同？在你身体里发生了什么事情？有时，是一连串的笑声中伴随着不熟悉的认同感；有时，是种释怀般的深呼吸；有时，是头脑的清醒。虽然我们看似能够以尽量避免抑郁的话题来同抑郁症作斗争，但实际上，给大脑所接收的情绪信息进行命名也是能给予极大的安慰的。

抑郁症的表现方式迥异，人们可能会想，抑郁症在根源问题上是否隐藏着大脑活化作用的统一模式？让我们来看一下相关研究吧。

大脑概念 12.1：抑郁症的相关脑区

从抑郁症患者的功能性磁共振成像上，我们几乎看不见大脑活动，仅在另一处深层的大脑边缘系统上发现残留些许曾经的人生印记。这有助于我们理解为什么抑郁症是如此难以应对。抑郁症改变脑结构、损害脑功能，抑制帮助大脑恢复正常的物质生成。

抑郁症中，杏仁核会影响情绪，杏仁核越活跃，脑部与身体的皮质醇分泌就越多。杏仁核从前额皮层中所获得的支持越少，内在共鸣的声音就越小，抑郁程度越强。皮质醇分泌越多，海马体活跃程度就越低。海马体同负责记忆和学习的各个脑区相互合作和协调。这也许就是低龄儿童在患上抑郁症或因创伤而情绪崩溃后几乎无法正常上学，长大之后也始终认为是自己出了什么问题的原因。

随着人们渐渐从抑郁症的阴霾中走出，他们意识到内在共鸣的意义，并让大脑回到平衡状态。两个脑半球的前额皮层在抑郁症患者的脑部活跃程度较低，尤其是左半球——人们依赖该脑区运转大脑的执行功能进行决策和完成任务，但抑郁症患者的该脑区活跃度非常低。额下回（见前图1.5）是前额皮层的一部分，与消极事件、自我感觉之间的连接问题相关，会导致野蛮模式下的默认模式网络形成，抑郁症患者的额下回会变得更加活跃。当额下回活跃时，一个人会因羞耻、难过、抑郁、悲观及绝望而情绪崩溃，陷入消极情绪、悲观想法以及非建设性思维方式永无休止的循环中。当人们陷入这种消极的怪圈，就会变得更加警觉，很难停止这种想法循环，甚至会发展成睡眠障碍。

受制于抑郁症下非调控情绪的其他影响（意味着由于前额皮质不活跃，内在共鸣就不存在）还包括：

·反刍思维：人们对痛苦经历的过度思考和自我反省，人们往往逃避现实世界，只关注内心。

·高度警觉：当杏仁核活跃度较低时，人们就会不断产生对危险的预感，因此会造成更多压力。体内大量分泌皮质醇，使人们不得不持续处于警惕状态，进而破坏免疫系统功能，增加罹患其他疾病的风险（抑郁症会引发其他并发症的原因）。

·快感缺失：大脑的整个"奖赏"系统下线，人们完全丧失快乐之感，这也是抑郁症的一个症状。

抑郁症的两大祸根

回想一下我们从第三章起所学习的内容，讨论一直在围绕着雅克·潘克塞普的七大情绪系统。我们使用追求系统来寻求并完成我们所需要的事情；当我们感到被遗弃时就启动惊慌/悲伤系统；恐惧系统使我们远离危险或静止不动以保证自己的安全；愤怒系统帮助我们保护自己与他人；欲望系统助力人们的性生活；关心系统可以支持并滋润自己与他人；当我们感到快乐和安全时，娱乐系统就会被激活。

正如第五章中所谈及的焦虑有两种表现形式一样，潘克塞普的研究表明，抑郁也有两种主要祸根：野蛮模式下的默认模式网络与终身孤独。

抑郁症的野蛮模式下的默认模式网络

使人们走出抑郁症的方式也包括转变野蛮模式下的默认模式网络。这也是本书的重点所在：探索我们走进内在共鸣的自我温暖，尤其是当我们走在治愈之旅上前额皮质释放关怀时，我们身上又会发生什么事。残酷的默认模式网络在转变之前导致人们处于慢性且长期的压力之下，久而久之就陷入抑郁的深渊。（其他人生事件也会导致抑郁倾向的慢性压力产生，如经济、健康上的担忧或工作压力，这些都会消磨人们的身心。）潘克塞普追溯并研究长期压力对于情绪系统的影响：

·恐惧系统使神经递质对压力做出回应。

·随着压力增加或持续，促使大脑维持正常功能的那些化学物质水平降低。

·压力妨碍神经元发育，增加脑部炎症。

·追求系统运转放慢，无所事事，丧失目标。（娱乐与关心系统的运转也随之放慢。）

·抑郁悄然而至。

跟这种抑郁类型的人打交道对关注、减轻并安抚野蛮模式下的默认模式网络是有益的。

抑郁症中的终身孤独

除了大脑与长期压力之间那种"你死我活"的关系之外，另一种抑郁症也因终身孤独而爆发。如果一位母亲——这个最先迎接孩子降临到世间的人，在面对婴孩时毫无反应，尤其是她因产前或产后抑郁症正处于毫无知觉的无反应状态时，惊慌/悲伤系统就会在那个孩子身上被激活，也许还会伴随孩子一生。严重缺失或完全断连（比如产后忧郁、领养、夭折、父母一方的离开或失去双胞胎）可能会导致终身抑郁症的产生。

终身饱受抑郁症折磨的人们甚至需要更强效的依附修复才能改变自己的默认模式网络（野蛮程度会随着依附修复而改变）。人们需要获得修复并滋养亲密的人际关系，然后从中获得情绪上的支持。潘克塞普追踪这类抑郁的病理发展，发现有以下几种痛苦的依附类型：

（1）分离激活惊慌/悲伤系统，导致人们爆发悲痛与被遗弃情绪。

（2）当悲痛与惊慌情绪被激活，让人体感觉舒适的化学物质如内源性类阿片肽等就会耗竭，催产素与催乳激素也会下降，而皮质醇水平则会增加。

（3）一个人越孤独，痛苦、抑郁与疲劳感也就越明显。

（4）追求系统运转放慢，无所事事，丧失目标。（娱乐与关心系统的运转也随之放慢。）

（5）抑郁悄然而至。

针对这两种不同的抑郁祸源，本章分别提供两种不同的冥想指南方法以辅助治愈。在练习这两种冥想指南时，也应该同时将自我温暖的日常练习作为辅助工具，以实现长期的变化，而不仅追求一次性的效果或体验。我们可以根据自己的实际情况，改变或调整冥想指南方法。

冥想指南 12.1：野蛮模式下的默认模式网络关联下的抑郁症治疗

从身体开始，温和待之。这次我们不再循着呼吸而动，让金色的保护光环包围着你，捧护着你的心脏。让这个光环化成一缕关爱的亮光照耀着你远离痛苦。

停留片刻，此时你感受到了什么？那个本应得到关爱和保护的自我甚至到了与自己拔刀相向的地步了吗？

现在，给那部分的自我予以支持吧，控制愤怒、抑制自我憎恶的苛评声音。问问那个自我是不是走投无路、精疲力竭、不知所措，对自我支持完全失望？问一下他是否渴望你能够完美无缺、牢不可破，超越任何人生中的责难？他是否对你愤怒，抱怨你的软弱和痛苦，渴望你如钢铁般坚强？他的标准是不是太高了，有些冷酷无情？他是如何回应你的关心与理解的？如果你对他还有更多情绪与需求猜想，循着你的身体去看一下那些需要被命名的情绪与渴望吧。

现在，将注意力带回到你的心脏上，它是否欣然接受你给予的甜蜜？它感到健康和完整吗？它看似病态、负担重重、气色欠佳或是用其他材料而非心脏本体来构成的吗？无论你所得到的答案是什么，问一下自己，这样的沟通是否让你了解了情绪——情绪是什么样子的？在情绪背后隐藏的渴望或需求又是什么？

你的心脏疲惫了吗？需要能量、需要打气吗？它始终在给你提供血液，独自滋养你支持你，却没有得到任何外援，现在已经耗尽了吗？它需要和渴望被爱，哪怕只是休息一下。它需要云之摇篮或氧气与美梦所编织的暖巢吗？

它伤心不已，悲痛万分吗？需要对所经受损失的认同？当所爱之人离去，它独自生活会是多么孤独和难过？观察一下它是否也带着其他受伤的心或伤痛。

让保护之光播撒共鸣，用关爱与认同之情轻捧心脏，不需要其他事实，只需心脏的真实。

现在，让你的注意力带着关爱回到整个身体上，先不要期待任何改变，就用认同来温暖整个身躯就好，如果可以的话，再来点关于人类把自己的生活之路逼停的黑色幽默。

冥想指南 12.2：轻柔地对待终身孤独关联下的抑郁症

将你的注意力带到现实世界的躯体上。随着呼吸追寻它移动的脚步：肌肉的移动、空气的移动；让温暖进驻到你的注意力中，轻柔地让它停留或回到你的呼吸感知上。呼吸的纹理如何？如果把呼吸比喻成一种颜色，那会是什么？呼气和吸气时的颜色又会有什么不同？让自己静坐片刻，感受一下呼吸的内在活力吧。

现在，让自己想象一下：你在吸气时，带来支持你的情绪，呼气时把那些代表痛苦、愤怒、抑郁、恐惧或悲痛的情绪都赶出去是何种情形。

当你这样做时，你是否在自己的人生中茕茕孑立？假如你没有如此孤独呢？如果你真的属于那里呢？让你的呼吸作为对那个情绪自我的认同吧。当你呼气时，让世界以共鸣滋润你，以内在共鸣支持你。

让这个同情之声问问你："你疲惫不堪，渴望到一个安全的地方休息？""你怒气冲冲，超过自己的忍耐限度，你已经放弃了吗？""你需要希望、平衡以及责任？""你孤单至极，连骨头都嘎吱作响？你希望得到温暖与深情的拥抱，还有自由与个性的翱翔，哪怕仅有那么几秒？""你想要确定自我表达会让你更贴近他人，而不是拒人于千里之外？你想要明白你是能够做回自我，也能够同他人建立联系的？"

让呼气带着你对世界的感知，把情绪都送出去。吸气时，让世界回应你，分享并抚慰你的悲伤，让它轻轻地去品味心中泛起的一丝丝涟漪。

接下来，进一步靠近你的躯体，探寻隐藏在那些构成躯体的最小元素——孤独的细胞吧。如果渴望或梦想飞进你的躯体细胞并吹响了宇宙旅行的号角，那会带来什么信号呢？或者，这些信号太过于生疏，让人难以理解？如果是有意义的信息，是不是会很好呢？

让你的内在共鸣和那些孤独的小细胞聊聊天吧。如果你没有自我见证的感觉，那就让一个你信任的人作为共鸣的见证吧。如果没有可信之人，那动物呢？自然界中的树木或某个地方？你的细胞如何回应这个自然存在？细胞需要对自己这样孤独且彷徨的存在的认同感吗？

作为一个完整的存在，你需要某个比你强大、给你温暖、可以让你依靠的人在你偏离人生方向时陪在身侧，始终在原地等你迷途知返？渴望了解支持与亲密的感受吗？被爱的感觉如何？无论自己曾经做过何事、未做过何事都无所谓，拥有纯粹的被爱之感是不是很甜蜜？能够理解"无私之爱"的意义是不是很欣喜？你想知道你被爱、被理解的归属感？

在我们学习并谈论这些概念时，是否有一种哀鸣和悲伤需要被认同？你是不是比其他人都要孤独得多？你体内的每一个细胞都有那么一丁点的母细胞存在着，就在线粒体 DNA 中。如果我们这样思考细胞，那么每个细胞都被其背后的母细胞所支持和关爱着。

让我们回到呼吸上来，看看呼入呼出的情绪会是什么。你对整个身体有何感觉？现在跟认同练习告个别吧，然后回到你的日常生活中去。

冥想指南为何有益

治疗抑郁症时，首先要温和待之，这一点很重要。人们已经耗尽一生的努力试图以愤怒、怨恨、憎恨、激怒及批判来影响那个抑郁的自我。温暖与坚实存在的这一结合是一种完全不同的方式，我们可以借助这个方式来整合，回归到安全与社会参与的状态中，不用再在愤怒与自我憎恨的羞耻中踌躇不定，让温暖的存在也继续前行。每日两次 30 秒的温暖呼吸冥想法是一个可行的方法，要比一周仅 15 分钟的练习更加可靠。

在想到这些冥想指南的有效性时，重要的是参考几个大脑化学物质。无论人们何时产生情绪温暖，都可能是身体正在平衡催产素的分泌水平。催产素是大脑在人们产生归属感时生成的一种物质，是人类体内的强效镇静剂（一旦亲密即产生安全感——如果温暖从未有过安全感，那么人们就会试图避免它）。重要的是明白那种表达以及当亲密有待完备时，个性则为基本要素。如果人们唯有放弃部分自我才能获得归属感，那么他们就会陷入深度抑郁以及噬骨般的孤独感中。一个人要被他人完全了解并且深刻体会温暖时，才能彻底摆脱抑郁症的折磨。如果人们在现实生活中无法找到温暖的共同体，那就应该建立一个这样的环境，甚至是想象一下沉浸在已经读过本书的人际圈子里，想象一下大家都在畅游改变之旅中也会有所得益。

另一个对平衡发挥作用的化学物质是多巴胺。抑郁症的表现包括无助、无望、麻痹以及行为上的不知所措，这些都表明，体内的多巴胺可能停止了分泌。因此，当人们采取行动，就请大脑做出回应。

练习冥想指南就是一种行动；让大脑用温暖之情关爱自己也是一种行动；让左半球大脑做力所能及之事以给予支持，对因抑郁而暂时冰封的记忆也是一种有效的行动。

至今所研究的任何治疗抑郁的方法对约 50% 的抑郁症患者有一定程度的效果，这些方法包括冥想或共鸣练习、抗抑郁药物、针灸等等，这一数字对于抑郁症患者来说多多少少都能够带来些安慰与鼓励。还有其他可以用于治疗的方法和资源，让我们先来关注一下以共鸣为基础的辅助治愈方法。

抑郁症治疗之共鸣辅助疗法

万物皆变，日渐月染，而非风云突变、无律可循，这是挣扎在抑郁症中，想要与内在共鸣建立关系的人们需要深刻体会的一句话。本书总结了一些治愈疗法的起始点：

· 认同野蛮模式下的默认模式网络。

· 利用抑郁症发作的间隙建立并培养与内在共鸣之间的关系。

· 与本书中的任何一个冥想指南共同进行以共鸣为基础的正念练习。

· 在抑郁症发作期，从小处着手——以温暖之情做从一数到三的呼吸练习法。

· 记住温柔地将注意力带回到呼吸上来（而不是以冷淡或厌恶的急躁之心）。

· 转化并改变自动萌生的想法，给情绪词命名，思考一下内心渴望并使用新技巧来瓦解野蛮的内在共鸣。

· 遵循本书中所讲述的练习方式，治愈往日的依附类型，逆转儿时的无情控制与创伤，治愈滋生炎症的创伤，否则这种创伤会引发抑郁症。

· 探索启动娱乐循环的途径。

卡尔的故事

在我痛失被癌症夺去生命的爱妻之后，生活的意义也随之消失了，我开始了这样的写作。当我思考我的身体内究竟发生了什么事时，我能够感觉到手脚的存在，但躯体却如同谜团一般，无法触及。

我可以建立内在共鸣吗？这种想法于我而言是完全陌生的。渐渐地对这种想法熟悉之后，我就开始将这本书作为内在共鸣的基础，为自己找寻共情情绪的猜想。我问自己："当你的妻子被诊断为癌症，当她因化疗而身体虚弱，当她最终不幸离世时，你所经受的巨大冲击与损失需要认同吗？"

我接连遭受这些打击，确信我的躯体不必因为这些打击而受到封存。我问自己："当你听到'癌症'一词时，心脏停止跳动了吗？自此之后，心脏就再也没有真正地恢复跳动？"

"当你看到化疗对妻子身心产生的影响时，你也感同身受吗？""你愤怒无比，牢骚满腹，需要温柔的关心吗？""当妻子逝去，你仿佛觉得有一半的自己也随她同去了？"

当我做出猜想，承受这些事情所带来的巨大冲击时，感知便慢慢地重新回到我的身体。随着身体重新回归生活，抑郁症状也就慢慢减退，我获得了更多的自我猜想。我非常缓慢且轻柔地移动着，循着身体所发出的任何声音；而身体没有传递声音时，就以同情追寻着我的想法。

当我完全认同自我，就开始想要重新回归生活，为爱妻的逝去而哀痛，为她的爱始终与我同在而感怀。于是，我为自己重新诠释了人生意义的概念。为了遵守以全新方式生活的承诺，我在培养和加强自身的依附纤维，让大脑更轻松地调节与平衡。借助我所发现的越发具有人生意义的感知，内在共鸣成为实实在在的存在，我也能够以同情和温和之心来度过人生中的每一天。

第十三章

上瘾：三个有效步骤帮你戒除成瘾症

"我无法停止"或"我没有任何选择"

（事实上，"当我对自己更加温和时，神经系统就

会放松下来，有更多选择"）

有瘾，就是戒不掉？

人类与成瘾症斗争的艰难情况表明，儿时经历会对神经系统造成持久的影响。母亲与孩子之间的互动会在孩子将来是否能够轻松应对生活方面留下的印迹，包括改变大脑结构以及调节心脏的神经通路平衡。在这些儿时经历中所得到的支持越少，在维持同他人和内外界之间的联系时所付出的努力也就越多。与此同时，更多的人不得不把自己的力量分解以维系生存，更多具有外在吸引力的支持（糖、酒、鸦片、速度和尼古丁等等）也就形成。

人们会让自己停止某项活动或接受某种物质，惊恐也就随即触发。人们把自己剥得赤裸裸，再抛向孤独的深渊，却很少能够明白这种要求的严重性。

一旦一个人了解大脑对人们孤独行事的回应，就会明白对令他们身心舒畅或自我感觉良好，甚至是有一点兴奋的物质（如同糖分、脂肪及盐向大脑及人体内释放内源性类阿片肽物质一般）的需求就会变成一种渴望。很有可能的是，无论人们渴望至极的物质是什么，最终都会变成他们赖以生存的东西，这就是成瘾症的本质所在。

如果想改变大脑的运转方式，依靠某些改变大脑的物质（比方说，沉溺于某种成瘾症）要比培养内在共鸣作为支持工具容易得多。

形成依赖自身温暖的习惯越多，展现自我温暖所付出的努力就越少。因此，如果我们每次都选择这种方法，它就能变得更加可行。

最佳的成瘾症治疗项目有助于处理孤独与断连的根源问题。这种治疗项目就是强大的十二步项目小组，该小组是一个温暖的集体，小组成员之间能够建立深层联系，形成更强大的力量，无论是为了饱受成瘾症折磨的自己还是家人。这种心灵治疗团体出现在葡萄牙，该国在十几年前就决定使成瘾症合法化，不仅如此，官方还投入资金用于药物疗法、温暖的集体、安全房屋以及雇佣补助。现在，葡萄牙的药物成瘾症人数下降了50%。

治疗孤独与断连的根本问题也可出现在以正念为基础的复发预防项目上，该项目带领人们了解自我调节的概念，帮助帮助人们实现神经与自我的连接。在门诊病人与住院病人治疗项目中，人们绘制了一幅与项目成员之间彼此温暖对待的画面，这对诊疗成瘾症也具有深远的意义。这种治愈方法可在人们唤醒内在共鸣以及开始以更多的温暖和保证回应自己的时候出现。对于某些人来说，这是他们第一次真正感受到自己能够将身体与思想合二为一。

大脑概念 13.1：创伤与成瘾症的神经生物学

"成瘾症"一词的定义多种多样。最简单的一个定义就是"不计后果的滥用"。成瘾症可以是对酒、烟、食品或药物等物质的依赖，也可以是强迫性购物、性活动、赌博或工作方面的行为依赖。无论成瘾症是物质性还是行为性的，都是大脑在拼尽全力解决的某个问题。在大脑层面，某种东西失去了原有的平衡：人们失去了机体正常运转或适应社会活动的活力；饱受生理痛苦或排斥痛苦；人们渴望调和内心的冷漠，重新温暖自己的身心；出现情绪问题，却无力调节或者人们想要赶走野蛮模式下的默认模式网络的邪恶声音，却无能为力。上述任何情况都会导致物质或行为渴望的触发。人们总是努力回到幸福与平静的港湾。有时，情绪会出现某种问题——人们甚至没有察觉到自己的大脑正在管理或解决这个问题。成瘾症是大脑的一种策略，即大脑确信，之前未曾接触内在共鸣的温暖、自我安抚的理解以及幸福的创造时，自己曾经这样解决过问题。

一个人每时每刻都在饱受痛苦的连环刺激，每时每刻都无法离开某种成瘾的诱惑，比方说，如果厌恶或自我憎恶与自我感觉交织在一起，一个人就无时无刻不在想着与自我有关的任何事情，会因成瘾物质或行为原本给人们带来的安慰而沉溺于痛苦与渴望。不幸的是，大脑已对成瘾症习以为常，相信它的存在就是一种新常态，因而就调节大脑化学物质的分泌以在成瘾症的良好感觉中保持万物平衡。在成瘾症的良好感觉冲击下，新的平衡减缓了神经递质的流动，并减少良好感觉的受体数量，造成比成瘾前更加糟糕的状态。但由于受体数量的减少，强迫症行为或物质不再停止痛苦，人们也就随即陷入强制记忆与习惯的旋涡中，但渴望是永无休止的。人们生活在停止痛苦的无限渴望中，想要逼停痛苦的列车，但在这过程中却不断地伤害自己和他人，造成更多的痛苦。以外界方法改变大脑内在运作最终沦为一种自我挫败，这是由于人们伤害自己的健康，也只是实现真正的自我关爱的一种假象而已。

改变应以我们使用大脑的方式来进行，而不是通过我们对大脑的自我医治解决。

一个人的痛苦越多，大脑所承受的创伤断裂影响的负担越多，所造成的强迫成瘾症就越多。童年逆境研究（见第六章）表明，每段情绪创伤上的儿时经历都会增加早期酒精滥用形成的可能性，且这种可能性比正常情况要高出两倍或三倍。如果人们同时受到身体虐待与性虐待，那么在药物依赖的可能性方面要比仅仅受到其中一种虐待的人高出至少两倍；经历过 4 种或 4 种以上不同创伤的男童，在依赖静脉注射药物方面的可能性要比没有经受过任何创伤的男童高出 12 倍；经历过 6 种不同创伤的男童，在依赖静脉注射药物方面的可能性要比没有受过创伤的男童高出 46 倍。

在参加过越南战争的美国老兵中，近半数都曾服食过海洛因，但仅有 5% 的老兵在返回家园后成瘾性地继续服食海洛因。据报道，海洛因一次服食所造成的成瘾比率在 23% 左右，但这与老兵的相关调查数据相悖。研究表明，酒精的成瘾率为 23%；可卡因为 21%；大麻为 9%。一旦接触就让人上瘾的物质为尼可丁：在仅吸食过一次尼可丁的人群中，68% 的人形成了长期、习惯性的依赖。但整体上可以从这些数据中观察到的是，药物本身其实并没有我们所想象的那样让人成瘾。让人成瘾的其实是人们对消除痛苦或平衡大脑的渴望。这对于大多数谈论成瘾物质以及主张避免接触这些物质（或者对它们说"不"），而从未想到或谈论痛苦造成成瘾症，需要治愈并修补大脑依附纤维的人们而言，结果可能让人惊讶不已。

把注意力集中在上瘾物质而非痛苦与平衡的一个原因是，大多数的成瘾症研究基于使用在实验室里培育的小鼠，这种情况下的实验用小鼠的压力是巨大的（虽然这种说法普遍不被认可）：弱势、拥挤且压力大。

加拿大成成瘾症研究员布鲁斯·亚历山大曾对小鼠做过实验，观察如果它们的栖息环境变化，上瘾行为会不会有所改变。亚历山大为小鼠精心设计了一个通风、宽敞且便于交际活动的居住环境，称为"小鼠乐园"，然后把母鼠和公鼠都放进去。

亚历山大在这个小鼠乐园内为这些实验小鼠们分别放了两个药品分发器，一个装有吗啡，另一个则是空的。小鼠们并不想要吗啡，哪怕里面掺有糖分（通常是它们的爱食）也不愿意去碰。因此，研究人员们连续一周给一些小鼠喂食吗啡，强制性地让它们"上瘾"，这样如果它们停止接触吗啡，就会"投降"，但这些小鼠仍选择回避吗啡。

小鼠乐园内的环境越适宜，小鼠们就越会选择远离药物，甚至在它们的身体已经形成对药物的依赖时也如此。相反，被束缚在笼子里的小鼠们却吃了20多倍的吗啡。难怪那么多的士兵一离开战争环境，回到温暖的家庭后就彻底戒掉了海洛因。

总体而言，我们并没有听到太多有关痛苦与成瘾症之间关系的报道。教授成瘾症相关知识的老师也犹豫不决，不知道该不该将创伤作为引发成瘾行为的根本原因，这是因为他们尚未准备好讨论情绪实质。近日，我参加了一个由学校与区域联合组织的以成瘾症与青少年关系为题材的讲座，讲座中没有提及创伤的根本原因。我就问了讲师是否了解童年逆境研究以及童年不良经历与成瘾症之间的关系，讲师回答："这又不是治疗小组，没有对情绪消化的支持。"

人们不愿谈及成瘾症根源之痛的另一个原因是它表面显现着自我意识，而本质上是成瘾症的解药，是一种自我理解。如果人们没有内在共鸣，他们就会在创伤与成瘾症联系中跳出来的。对于一个无法显现自我意识的大脑来说，它是不大可能理解成瘾症和强迫症与创伤之间相互交织的关系的。

当人们开始克服成瘾症时，通常会听到自己这样说："什么事都没发生——我只是突然之间上瘾了。那种渴望来得突然，毫无征兆。"当真正地放慢脚步去理解根源问题或痛苦的蛛丝马迹，事情可能会变得更加明朗化。

让我们来看一下所谓简单的对成瘾症"说'不'"的大脑复杂性。

成瘾症与"自控"

在控制成瘾症或强迫症之复杂性方面，有助于人们理解的一个场景就是对大象与骑手之间的比喻。一头大象的力量要比骑手大得多，同理，其深层的大脑结构加上整体习性也要比前额皮质与杏仁核之间不规则的连接要强大得多。两种情况中的要素就是骑手与大象、内在共鸣与大脑习惯之间的沟通。这种沟通可以是强制性的——北美洲文化中所采用的成瘾症管理的主导方式，或者可以通过关系认同以及长期形成的自我温暖的习惯来解决。如此一来，在可能存在的最佳环境中，大象（大脑结构与深层习惯性的冲动）多多少少会愿意被骑手（内在共鸣）照顾和引导。

成瘾症治愈的手段被称为"自控"。自控有三大要素：延迟满足、反应抑制以及心不在焉状态下的目标维持。我们在本书中所学内容都能推动这三大要素走向节制与选择。

· **延迟满足**：我们需记住的是，与简单即时的满足感相比，我们要追求的是更长远更有价值的结果。所有脑区都上好发条，协助我们远离成瘾症，包括帮助我们选择一个不同的策略，付之于行动，让大脑牢记长远的幸福目标。

·**反应抑制**：阻止我们已经开始的行为或冲动需要多久？停止对某个渴望的下意识的上瘾反应是一种非常复杂的情况，往往需要强大的自制力。如果我们有内在共鸣或他人的一臂之力，往往会比孤军奋战更加成功。

·**心不在焉状态下的目标维持**：我们所面对的生活与万物，能否让我们坚持创造美好明天的目标，创造更多的人生选择？保持与内在共鸣和支持我们铭记长期目标的共同体之间的连接。

改变成瘾行为的支持建议

人们一边培养着自身温暖且坚定的响应能力，一边一步步靠近本来应有的生活。这里关键的两个层面是：（a）扫除那些悄然打破人们的平衡并急于投向成瘾症（镇静大象情绪）所带来舒适感的那些隐蔽雷区；（b）创造坚信不疑的内外部环境，支持解决途径的所有承诺——如果这个解决途径是十二步项目，那就按照步骤来开展；如果选择的方法是正念、瑜伽或其他练习方式，那就实施日常练习（赋予骑手权利）。冥想指南带领练习者随着同情过程，围绕内心渴望进行事后演练（见第七章），清除导致病态情绪的隐蔽雷区。

还有一点也很重要：理解如果人们利用成瘾症来掌控万事，那也需要打造自身的环境与生活方式，最大化减少物质接触或活动选择。每当人们需对自身的某种成瘾症（与欲望作斗争）说"不"的时候，就会耗尽自身意志力与决策的能量库。因此，人们被成瘾症暗示以及被迫拒绝的次数越少，在新行为中所获得的自我支持资源也就越多。我的建议是，把橱柜中的所有点心都清除出来，投到垃圾箱里去；当你未使用或不打算开电脑、电视机的时候，拔掉电脑或电视机电源，然后用一个罩子把它们都盖住。

治愈成瘾症也包括整合内心世界：信仰、记忆与情绪。如果能获得外界支持，内心世界的修整就会更加容易——想象一下小鼠乐园中的那些小鼠吧。不过，如果人们不能马上改变环境，那也没关系，可以先把转变外界环境当作一个目标，并作为自我认同的一部分。甚至寻找让自身感到温暖和支持感的十二步项目也可以成为我们改变外界环境的助推器。最重要的是，我们能感受到在这个世界上自己是被他人接纳的。

治愈成瘾症虽不易但有望，且需要许多人都真实明白地活着。成瘾症使人们躲避大片伤痛，看似帮助人们活着走出来，但实际上更重要的是，人们需要自我同情、坚持不懈且对创伤余波的理解以及自身之外的共鸣共情资源，促使身心康复，并让大脑重新走向自我连接。

在这场治愈之旅中，有冥想指南相助。注意，研究发现人们不再专注于身心渴望（将精力转移到练习或其他自我关怀的战略中）时，要比传统的正念方法更有效地转移人们对于渴望的专注。本冥想应在人们产生强烈意识，想要清除隐藏雷区，转变内心愿景，而非日常逃避渴望或当作时时备用的退路。

冥想指南 13.1：呵护好奇心下的渴望

注意，你正在渴望一个新的回应。当意识到这种渴望，开始呼吸，把内在共鸣带到你的注意力与渴望所建立的关系中，观察一下渴望的感知是什么。

当你初次了解这种新的回应，可能会认为你的渴望就在自己的脑中，是无法承受、无法抗拒的。这种渴望在你的体内如何诉说？随着呼吸渐入，这个掩藏得极深的渴望是如何让自己被知晓的？有时，它是一种心中感知；有时，它出现在下巴附近，有时又在肠胃。

随着身体渐入渴望，打探一下它是否想要关心你，为你排忧？为你保驾护航以应对那些不足与贫乏？还是想分散你的注意力，把你从惊慌与空虚的雾都中解救出来？

无论你在何处追寻感知，问一下自己："如果这种感知是一种情绪，那会是什么情绪——孤独、厮杀、激怒、无望？这些情绪背后隐藏着的需求又是什么？""你疲惫不堪，渴望得到温暖的支持，助你轻松畅游人生？""面对整日的复杂生活，你感到无心无力，崇尚简单与释放？""你想知道对于自己以及所爱之人而言，什么才是最好的下一步？之后呢？""你渴望得到安全保障？"你甚至会说："你需要对万事如何精妙平衡、生活和关心之人的生命如何脆弱的认同？""如果有人能真正明白你所维持与平衡的一切以及你所关心的事情，哪怕仅有那么一瞬间，你是否会觉得甜蜜无比？"

回到你的身体上吧，看看感知、情绪及需求都发生了什么变化。沿着情绪的轨道，让它指引你，你可以利用一切所学的技巧：如果你在向自己宣传一个有害的信仰，如果你发现的是一场痛苦的记忆，让内在共鸣带着温和与关怀潜入那段记忆中去，跟随着身体感知，发挥情绪与需求猜想吧。

随着身体逐渐放松，尝试一下解决自身与成瘾症关系中最为有效的自我关怀的方法吧。如开始正念冥想、换个环境进行冥想练习或是其他方法。

冥想指南的意义

我们所做的一切：与身体连接，清除磕绊我们、让我们伤心、抓狂或害怕的旧物等会给自己腾出更多的选择与释放空间，并让自己更加愿意从他人那里获得支持与帮助。人们在自我平衡上创造出更多空间有助于加入互助团体，学习如何将成瘾症的孤独转化成入驻温暖集体、重新融入人类活动的技能。在这个过程中重建内在共鸣吧，无论我们是否情绪复发，都坚定不移地踏上治愈之旅（这部分内容将在下一节中讲述）。

正如我们所看到的抑郁康复（见第十二章）那样，我们富有创造力，乘着多种途径的翅膀来踏上治愈之旅是最佳方法。比如结合门诊与住院病人共同进行的成瘾症治愈、心理疏导项目以及普遍适用的十二步心灵治愈项目，其整体治愈率要比单一化使用的治愈项目更高。

治愈情绪复发

针对阶段性稳定的成瘾症康复之前，人们阻止成瘾症发作的尝试次数的调查数据表明，不断努力才是唯一方法。抽烟者在他们真

正戒烟一段时间之前，曾多次经历了"假"戒烟；患酒精依赖症的
人们在取得实际进展之前，也曾尝试过数次戒酒过程。人们在挣扎
于人性所需，依靠物质或行为来获得自我安慰时的最大需求是希望、
自信、信仰以及韧性。

　　一个人在康复阶段坚持的时间越长，实现长期自我节制的可能
性就越高，仅有三分之一的人不到一年的时间内仍能保持清醒的自
我节制。在那些坚持一年之久的节制者中，仅有不到半数的人成瘾
症复发。坚持五年之久的节制者，成瘾症复发的比率低于15%。

　　成瘾症复发时，我们越是让自己受虐，复发持续的时间就越长，
这是因为成瘾症完美地与自我憎恶的愤怒—羞耻循环相互融合。如
果我想方设法地改变饮食方式，比方说，我手上有一块巧克力，但
我告诫自己不能吃甜食，这让我对自己既生气又惭愧，因此，情绪
系统就会脱离平衡点，需要更多的糖分来应对状况——我感到更加
羞愧，就吃了更多的巧克力，如此循环反复着。如果我们温柔待己，
借助内在共鸣的力量，我们就能够带着最初的康复意图，回归完整。

　　情绪复发的自我共鸣治愈方式应该是这样的：

　　莎拉，你对自己很生气吗？渴望自我关爱且坚定不移？当你想
到曾千万次地告诫自己要停止成瘾症却毫无用处时，你是否感到气
馁，疲惫不已？你记得自己曾说过，想要改变生活，可当你经历低
谷时期，你是否因自己的想法失去意义而变得迷惘？你想要持续的
关注和依赖自己？你感到羞愧和担忧？你需要支持和温暖？即使自
己还挣扎于人性困惑，你也渴望明白自己是有价值、有作用的？你
渴望所有人都能够明白，即使他们在用某种物质或行为来维持感情，

自己也是这段真实关系中的主导者？

假如痛不在己

有时，人们挺过的艰难困苦远超个人问题。人们可能会遭受贫穷、教育水平、战争以及流离失所引发的社会经济影响以及创伤后遗症；也可能与同受这些影响的父辈祖辈几代一起生活，也就是表现遗传学领域所说的，人们会继承上几代人流淌在身体内的影响。

表现遗传研究员摩西西夫预测，人类很快便能通过观察表现遗传结构解读家族的创伤史。他的推论是基于对1998年发生在加拿大魁北克省的冰雹灾害中幸存者的相关研究，这些幸存者无一例外地都表现出了创伤的表现遗传学模式。该研究表明，在同时遭受抑郁及成瘾症的情况下，人们可能会在继承父辈和祖辈的情绪痛苦模式的同时，也不断饱受自己所经历的人生痛苦。

这种好奇心加深了我对如何以共鸣创造有效改变的思考，甚至当所面对的问题是悲痛、抑郁或成瘾症时也是如此。我在练习中采用了美国国际非暴力沟通认证培训师苏珊·斯凯创造的基础练习过程，还引入了一些可以让我练习身心共鸣的其他方式。这些练习过程使我们能够读懂身体暗示，指明前进的方向。

在我沿着治愈之旅寻迹自己以及咨询者的身体线索时，我发现许多人的确载着本不属于自身的情绪负担，这些情绪负担实际上都是祖父辈曾经的伤痛经历。当我通过本章节最后部分描述的共鸣技巧对他们进行测试时，咨询者的身体就以新的方式放松下来，减轻了内隐负荷。出于对自身经历的好奇，有两个朋友和我一起探究渴望的无底深渊。

莎拉的故事：父亲的渴望

我一生嗜糖与甜食如命，欲罢不能。当我试图以渴望的共情来回应自己时，对甜食的欲望虽有所减少，但从未真正消失。人生浮沉五十余年，我从未对甜食心生厌腻，每每都不能填满心中欲望。当他人说"对我来说，那也太过了"，我就会眉头紧锁，疑惑不解：到底鼓腹含和、心生厌腻是一种什么感觉？

于是我决定探索一下有关不饱症的问题，这也是我一直在向我的咨询者所追问的："如果这不是你的话，那会是谁？"我们用直觉尝试着这种方法。我们在努力协调身体的真实情况，但有时，身体的信息太难以消化。这个问题与表面真实关系不大，而是生理上遗传给我们的家庭故事与信仰所留下的印记。

我问过自己："如果这不是自己的欲望，那会是谁的呢？"我试着把母亲的身体叠加在自己身上，但感觉这并不像是她的欲望。当我想到会不会是父亲的欲望时，感知似乎变得明朗，我就开始聆听父亲的声音，心情随之变得沉重，胃也放空了。我一直在尝试着跟内在的父亲——这个 13 岁的男孩沟通，我感受到了父亲的疲惫与绝望：祖父因第二次世界大战而饱受创伤后应激障碍的痛苦，祖母则因经济大萧条时期的精神崩溃而在精神病院接受治疗。经历了这样一场家变，祖父及兄弟姐妹被迫分离，各自由不同的亲戚抚养，饱受暴力与恐惧的折磨。我能够感受到痛苦与不安，这种痛苦与不安也是父亲担忧祖母和弟妹时的感觉，我能体会到父亲每每想到祖父无助的样子而产生的愤怒。我大声猜想父亲想要的渴望、想要得到安全与支持的心声。我问他是否想家了，是否需要拥抱，最重要的是，是否期盼祖母能够幸福。我对父亲渴望的认知以及对其身体的感同身受逐渐消失在共鸣的渐入中。

随着我的身心合一，曾有过的感知也在变化。我感到我的身体感知变成祖母情绪崩溃时那寂静的恐惧，就像是在我腹部开了一个黑洞一般。我问祖母是否渴望过上幸福安稳的生活。此时，我的胃部蠕动，带着一丝踌躇的焦虑，不知自己是否能够保持那种平衡。我问内心的祖母，她是否渴望得到关怀，是否需要稳定的环境，重获人生能量，想要知道坚实的基础在哪儿？

随着身体逐渐放松，在我身体内存在的亲人也放松了，我想到了祖母亲手写的食谱，上面整整有56种美食：雪饼、无花果小饼、香蕉蛋糕、榛子蛋糕、香橙云顶蛋糕……我的最佳猜想就是祖母在我父亲儿时每天给他做一个蛋糕，除了她患精神疾病期间。当我脑中浮现出这些蛋糕的画面时，我开始明白我父亲体内流淌的甜蜜基因以及我从父亲身上——甚至是在不知不觉中，所学到的东西。

经过了数日的共鸣练习以及禁食曾让我赖以生存、填满无底洞般渴望的糖果之后，我在一个聚会上发现了我最爱的德国巧克力蛋糕。我试吃了一小块，想看看那个无休止的黑洞会发生什么事，却发现那一小块蛋糕正合适，我不需要再继续吃了。自那以后，我与那种曾经陌生的餍足感渐渐熟悉起来。

当我问起："如果我没有这种渴望，那是谁的？"我发现在我身体里延续了父亲与祖母的人生故事。当我对所触及的感知进行猜想的时候，身体以一种从未有过的放松方式变得舒缓松弛，曾几何时，每当我回想起自己的故事时身体从未有过安逸之感。无论何时，我们可以感受并理解自身的意志转移，无论我们是否为故事的最初主角，都可以实现转变。

踏上这场治愈之旅吧！简单地问一下："如果这种（饥饿、上瘾、抑郁、恐惧或分离）感觉不是我的，那会是谁的？"然后循着身体的鲜活感知指引的方向去一探究竟。下面的共鸣技巧将传授如何进行自我探究的知识。

共鸣技巧 13.1：减轻内隐负荷

（1）观察一下抑郁/焦虑/渴望或其他情绪痛苦在你体内的"诉说"。

（2）问问自己："如果这种痛苦不是我的，那会是谁的？"看一下自己是否能够感受到这种情绪，抑郁/焦虑/渴望感是否属于某个家人（母亲、父亲、叔叔、婶婶或祖父母等）。

（3）让自己切身感受一下产生上述感觉的家人吧。重新回到想象或身体感知中。（让感受发散于四肢——虽然这样做既大胆又怪诞，但除非你洗耳恭听，否则是不会了解身体的需求的。）抑郁/焦虑/渴望的感觉是否似曾相识？

（4）一旦你察觉到了感知的对象，带上你的内在共鸣来创造感觉，循着身体产生的感受进行需求猜想吧。

（5）观察一下自己的抑郁/焦虑/渴望感知。

（6）重复第 1 步至第 5 步，剥开他人经历的"洋葱"，你自己的个人伤痛可能就被层叠于家庭经历中。只要你寻觅身体，就会走向正解。

这个练习不是说我们要化身为祖父母，也不是说要在外部世界关爱他们，而是我们要修整那些存在于我们体内，与我们一起朝夕相处的情绪模式。

如果你因他们中的某个人而生气或者你的家庭中曾经出现过创伤、虐待，你可能感受不到多少共情，且这个过程也可能不是正确的途径，如果你的身体因为要做这个练习的想法而蜷缩和畏惧，就认真倾听吧。时机成熟时，你就不再因为给身体内共存的家人带来共鸣这一想法而恐惧了。

即使我们在上几代的创伤影响下变得脆弱，也能够在家族故事及历史的空间中找到一席之地，在这片属于自己的空间中创造意义。在这个过程中，我们所得到的任何感知将发生变化，与理解融为一体。我们的目的就是要寻找最好的自己，寻找我们注定要成为的人。有时，成为最好的自己的途径包括对上几代人的理解与共情；有时，从祖父或先祖延续下来的悲痛与担忧阻止了我们前进的脚步，这些悲痛与担忧演变成了愤怒、不公与不被认同的伤痛或心碎。当我们开始同情这些经历时，就可以放松身心，逐渐回归应有的生活。

第十四章

我找到了自己，并真正活着

欢迎来到治愈之旅的尾声

这是我的人生

本章是本书的最后一部分内容。我们的治愈之旅在某种程度上也涉及了神经系统，让我们从科学理论出发，以更加温和、富有同情的视角看待和审视自己。

人们需要对愉悦、期待、兴奋、幸福、高兴、快乐、爱情以及欢庆之感的共情，这种共情程度等同于人们对情绪所产生的共鸣需求，但后者往往更难实现。当这些积极的表达没有得到他人的共鸣时，人们的感觉就如同冰冻的香槟泡泡一样，堵在胸口上，让人体感觉不适，甚至产生羞耻感。当一座承载着兴奋、愉悦或欢庆的情绪之桥非但没有得到他人的共享或共鸣，反而变得更糟糕时，羞耻感尤为强烈，并且充斥着讥讽或嘲笑。

当人们靠近安全的环境、人生变得有意义、找到世间归属和人性天职时，人体的神经系统及躯体就得以放松。无论身边发生何事，人们的心脏均可随性自由，畅游于任何关系中。我们的面部肌肉变得生动，也能够自然回应与不同面孔的相遇。我们可以观望他人，看到他们的伤痛以及他们在安全环境下情绪的表达。我们能够更加深层地了解自己与他人。

大脑概念 14.1：腹侧迷走神经丛
（社会参与与自我连接）

你也许能够回想起第七章所讲述的迷走神经——连接躯干内部与大脑的一束神经丛，当人们有安全感时迷走神经会发生什么？在躯体与大脑之间游走的迷走神经转变成神经系统中的有髓鞘神经（快速）纤维。研究员史蒂芬·波格斯称为向腹侧迷走神经或社会参与（与或逃或战以及固化反应相反）的转变。万物移动的脚步加快，人们的大脑也随着栖息生存的世界发生变化而产生复杂的情绪变化。

当人们有安全感和被接纳感时，就会自然而然地顺着人类的发展方向移动。人体的呼吸深而宽，欢笑翩翩而来，相视自然，聆听的动作与人类声音的音域范围相调谐，社会风度也自然而成，人们放下自我意识的警惕，真正放松如行云流水。无论此时这种悠然境地离我们还有多远，它仍在我们可以努力触及的地方。如果我们从未真正体验过，就无法真真正正地感受到安全，仍需在放松身心的同时，更加全面和透彻地了解自己。

下面是当人们处于社会参与（当人们产生对自己至关重要且有所归属这种感觉）时人体放松与功能运转的所有方式：

· 面部肌肉恢复活力，传递情绪信息，帮助人们解读他人。

· 双目凝视人类面孔。

· 中耳肌肉收紧，聆听人类声音的音域范围。

· 喉头放松，协助声音灵活地表达。

·心脏有较高的心率变异性。

·肺部细支气管扩张，吸入更多氧气。

·内脏器官得到足够的血液补给，开始运转以实现更加良好的功能。

本书是有关扫除阻挡人们触及自我这一人类自然状态障碍的内容。帮助人类踏上认知真理、验证所有情绪的存在都有理有据，且助人类走向共鸣与自我同情之旅的道路。

读者的故事：此刻有何不同

随着时间的推移，当我的默认状态又坠入痛苦与羞耻的记忆中时，我能够坐在自己身旁，用关怀与温柔的好奇心来抚慰它，用共鸣帮助杏仁核镇静下来，并将痛苦记忆转变为简单的自传体记事。当这些情绪洪流过于强大以至于孤身之人无力抵抗时，我知道如何寻求援助之手。

为此，我相信自身经历是重要的。所有自食其力抵抗情绪洪流之核心的旧时信仰在这些时刻都纷纷爆发，朝我咆哮。那种不配给别人添乱的信仰变得尤为强大。为了阻止这种趋势的发展，我和朋友们约定轮流倾听对方的倾诉，不提供任何建议或评论，只以共鸣来交流，因此，这些陈腐的信念也就不能再将我置于孤独的旋涡中。

这场救赎之旅让我感受到强烈的愉悦之感，时而安静，时而喧闹。我的内心常因付出、自我理解与同情而倍感满足与幸福。当曙光升起，我刹那间明白愉悦不是遥不可及，我也能重新回归正常生活的那些时刻。回忆当我挣扎于羞耻，当我透过犯错的镜头来解读这个世界的众多时刻，我明白了我是可以寻求帮助，可以完全回归到探索与触及自然生活状态的。

当我们观察人类大脑，明白神经之间互相影响时，改变悄然而生。语言不足以表达社会关联性如何成为人类福祉的基本因素。这基本上就如同在我们说出"关系"这个词，感受口中蹦出这一字眼时，身体会有何变化。

随着我们不断整合这些概念，大脑就会生成一种模型，让我们的内心能够得到治愈。当我们看到詹姆斯·科恩的研究，了解人类的生理痛苦以及人生的成就感会因他人的存在而减少时，变化就发生了。我们被指引到灵活却不可捉摸的境况中，让我们更关注关系，评估彼此付出的价值且对温暖的存在进行排序，这也等同于让我们踏上自我共鸣之旅。

我们在这场自我共鸣之旅中尚需探求和治愈的领域还很多。通过共鸣方法与冥想指南，我们探寻到了可靠且持久的阵地，变得更有能力寻求他人的帮助并获得支持。

冥想指南 14.1：给愉悦加分的冥想

如果一段社交关系中的人们都不能放松下来，那么想要完全享受相处是相当困难的，独自庆祝成功与成就也会不易。在我们不得已需要独自庆祝的时候，本冥想指南可以给予支持。在开始练习本冥想之前，回想一下近期你引以为傲却尚未同他人分享的成就或经历、小小的满足感、愉悦时刻或使人敬畏的事件。

从呼吸开始吧。当你感受到呼吸在体内游走时，看看气息能在你的肺部行走多远。稍息片刻，乘着你的呼吸畅游，跟随它进出你的肺部及鼻腔的任何地方，让注意力随着呼吸移动。此时，注意力可能会徘徊，温柔且温暖地将注意力带回到呼吸游离的感知上吧。

让你的注意力回到令你满足的时刻吧。欢庆时的身体感知是什么样？眼周是否泛起皱纹？呼吸是否变得更深入一些？肋骨在伸展？胸部稍有疼痛或紧缩感？当欢庆的感受没有得到他人的回应，它就会像一种小痉挛反应似的蜷缩在我们身体内，阻碍身体放松与伸展。

将你的注意力转移到心脏上吧。心脏以你为傲吗？心脏因你获得成功而温和（灿烂）地喜悦？回想起你的欢庆时刻是不是一件很愉悦的事？随着认同心脏的感知，你的身体可能会洋溢着幸福的感知，这种感知从胸部起向四处发散。

此刻，观察一下你的腹部正在发生什么。肌肉紧缩，在你独自庆祝的时刻想要给予支持？它们并不确定你这样享受短暂时光是否安全？如果是这样，给它们一点认同，让它们明白独自庆祝是会有些奇怪。看看它们是否想要一点隐秘的满足感，就像香槟泡泡从腹部游走到胸部。当你察觉这些肌肉，有一种它们小心翼翼地呵护着你的感觉时，它们完全放松下来了吗？

如果你想的话，可以探索更强烈的情绪——可以是狂热且癫狂、尖锐且突然的愉悦感，就像击中躯体、颈部或头部的闪电一般；也可以是照亮你整个脸庞的欢乐之光。你的嘴巴与喉咙想要伴着兴奋的一声吼而颤抖吗？身体细胞想要上蹿下跳地开心起舞吗？你对自己所做之事是否有那么一丝的惊讶呢？你为自己在终点线找到自我而感到惊喜？是否有宽慰与高兴表达的混合感知？

此刻，让自己回到呼吸上来。在这场积极的认同之旅后，你是否有什么变化？让你的注意力载着呼吸进入肺部吧，看看你的呼吸能够走多远？在你呼吸的最后时刻发生了什么？然后随着呼吸走出，将你的注意力带回到外部世界中吧。

共鸣技巧 14.1：将共鸣引入你的世界

学习共鸣的另一种方式是练习与他人协调，并用语言来表达对他人的好奇，让他人了解自己是否明白对方。这种学习方式有助于熟悉"愉悦"与"不快"情绪词（第三章）以及人类普遍需求与价值（第四章）列表。传统的非暴力沟通方式为："你有这种感受是因为你需要？"这种方式不免会让人感觉有些尴尬，也有一丝笨拙，有时会触动所有人的感觉神经，而且看似是一种冒犯。下列四大步骤为你梳理这种尴尬的沟通方式，适用于与他人谈话：

（1）尊重地接近对方。我们不了解他们身上发生了什么事，是否有可怕的经历，因此，我们要询问，而不是直接判断他们。这是猜想，不是报告。

（2）除非你与对方关系亲密且相互信任，或者就使用情绪词语方面达成正式意见，否则应静静地猜测他的情绪而不是直接命名。

（3）猜想一下最重要的是什么："你需要被倾听吗？"

（4）然后倾听对方的故事。

我希望你能够猜想对方的需求，然后把这些需求代入国际术语中，就如同下面的这些例子一样：

· 排队结账时，站在你前面的顾客一直在刁难收银员，你想对他说："你是否需要一点尊重？"

· 老师给你的孩子记过处分，你想对孩子说："我在想如果老师理解你的行为，你是否能够接受处分？"

· 你的兄长和父亲谈话时不欢而散，你想对他说："你想听到父亲平静甚至是轻柔的语调吗？"

· 当你的朋友发现男友／丈夫对她说谎，你想对她说："你需要诚实与可靠的伴侣吗？"

如果你鼓足勇气以不熟悉的方式使用这样的语言，就得观察一下在你这样提问之后会发生什么事情。对方会说"是的"然后断然地点头？对方说："不是，应该是……"或者对方（可能是未成年人）说："呃?!"每个反应都在传递着真实沟通的信号，因为对方在各种情况下都在让你明白他已经感受到你与其建立沟通连接的努力。虽然我们在竭尽全力反馈自己对所发生之事是如何理解的，但这种理解是对是错都不重要；重要的是，我们在真诚地、温柔地关心着他人的经历。

如果某人的反应是"嗯……呃……"，需求猜想就会变得很困难。即使对方抛出一声响亮的"是"，但由于你悄然冒出的羞耻感，猜想也会不易。如果现实情况让你很为难，就不要强迫自己推进那种进退两难的关系了，除非你真真切切地听到对方的肯定答复并且你感到与对方之间能够产生更多连接。温柔待己吧，当沟通变得丰富且有回报时，探索一下这种新的沟通方式。

回想一下在你阅读本书之前是如何想的吧，现在感觉有何不同？这些治愈的技巧，在我们面前展开了一幅治愈之旅的大画卷。

在治愈的世界中我们有何发现

让我们来思考一下我们所踏上的这场治愈之旅。首先，在我们没有做什么特别的事情时，让大脑先倾听自我对话的方式，倾听默认模式网络的声音，以此来了解和看清自我。我们逐渐认识到野蛮模式下的默认模式网络用以掌控自己的词语类别。

这种认知为我们开启了被称为"情绪警报系统"（杏仁核）的脑区与内在共鸣之间关系的大门，这种关系包括人体的前额皮质以及情绪警报系统是如何屏蔽所有事物以求得生存。我们开始明白，当人们感到巨大压力时，负责意识学习的脑区及记忆就会"罢工"的原理。我们甚至逐渐相信自己是愚蠢的，而事实上我们具有所有所需的大脑细胞，只是因为我们一直挣扎于压力与创伤中而无力启动它们而已。随着人体的前额皮质越发强健，能够更好地将生活中的温情融入内心，人们也就可以以一种全新的共鸣方式回应自己，释放一些积攒已久的情绪压力。

人体的杏仁核不仅仅是情绪警报系统——为了保护人类，杏仁核将情绪记忆编成索引，这便是大脑储存创伤记忆的方式。当杏仁核以此种方式储存一段记忆，记忆浮现得以让人体感知时，就能够触及共鸣，产生回应与解决方案。

记忆的另一种类型由海马体操控，它储藏于整个大脑内的隐形记忆，被盖上时间的印戳，排列有序，旧事清晰分明。只要我们明白这一点，就能够看到创伤鲜活地存在于任何记忆中，如同怨恨与激怒的小事不停地打扰影响人们。有一个好处就是，我们所能感受到的一切都可以触及共鸣，实现治愈。

共鸣在他人真正了解我们时悄然降临，就像是他们的情绪世界与我们的振频一致。为了将自己与他人之情绪相调谐，必须先将自己的身体融入情绪环境之中。你不能通过给对方提供建议、告诉他如何思考某事或是转移话题的方式来调和情绪，而是反馈身体知觉或猜想对方在渴望什么，有什么刺激因素或想要触及什么来达到共鸣。你也可以了解在他人讲述对自己而言具有某种意义的事物时，脑海里是否有闪现的视觉图像或隐喻，通过这种方式来靠近情绪协调。当谈话朝着相互协调的方向发展时，双方就能达到一种情绪上的匹配，二者之间发生的事情可以帮助彼此身心放松，创造意义。

随着我们更加仔细地聆听身体的声音，我们也就逐渐接受了儿时与母亲在神经生物学关系上的重要性。我们开始询问："母亲的子宫是如何孕育我们的？""母亲那时焦虑或抑郁吗？""她在孕期获得良好支持了吗？""母亲在她母亲腹中是什么样子的？""有多少代人延续了相似的情绪基调直至遗传到还是腹中胎儿的我们？"将内在共鸣的初晓之感与这种感知相结合，我们开始建立胎儿期身体记忆与感知的连接，也意识到我们可以承受和抚慰任何情绪。

从遗传角度而言，母亲与其大脑之间的关系也传递给了我们，因此，我们也倾向于以同样的方式让大脑运转，尤其是自我管理或自我调节方面。这些倾向就是所谓的"依附模式"。我们学习了逃避型依附，即自顾自的持续状态。矛盾型依附，即人们从享受生活直接跳转到压力应激状态，毫无中间缓冲时期。对亲密行为的态度常常矛盾，时而感到渴望时而感到恐惧，为紊乱型依附。最终，万事都汇聚在世间最好的部分中——安全或"挣来的"安全型依附，辨别出安全型依附父母的一个办法就是看父母对孩子身上所发生之事的敏感度与回应程度。

你身边重要的人，在与我们相处的过程中都会流露出他们使用大脑的方式。父亲、母亲、祖父母、兄弟姐妹、老师或朋友都会把自己作为礼物"奉献"给我们。我们彼此之间互相学习、相互塑造，根据自身的安全感等级以及对方能否取悦自己进行判断，不同的人会生成不同的依附模式。

心情愉悦时，人们对生活的独特感受与身边人的付出交织在一起，这个组成就是唤醒自我感觉的一个重要部分。如果我们尚在蹒跚学步或婴儿期时，没有获得自身所需的与他人的情绪协调及共鸣，那么，在我们缓慢成长的过程中，就会逐渐挣取安全依附，也就是所谓的"挣来的"安全依附模式，慢慢摄取温暖及关爱。就算自己很难充分相信他人，以至于无法摄取温暖和关爱，无法被治愈，我们仍可以学习如何认同和接纳自己。

随着我们年龄增长并远离父母的世界，我们逐渐与他人建立不同于与父母之间所形成的依附关系类型。如果我们在原生家庭所形成的是不安全的依附型关系，但成长之后与我们建立关系的人们能够给我们提供形成安全型依附的资源，则我们也能够逐渐走向治愈和"挣来的"依附型关系的道路。我们会发现，当他人站在我们身边，即使自己在某一时刻脱离相关关系，仍可以选择并具有重新回到这种关系的能力。

身体在人们走向整合之旅的各个方面发挥着举足轻重的作用，总是在情绪理解中比大脑要领先一步。身体与大脑沟通的道路上也涉及具体的自我意识网络与迷走神经复合体。回忆一下前几章内容，迷走神经是位于脊柱前与心脏后的神经束，贯穿身体至颅脑（大部分的纤维都向上伸展，仅有10%~20%的纤维向下）。迷走神经就相当于信息的高速公路，让人们了解人体是如何运转的。人类常认为自己是根据什么应该做、什么不应该做这一理性思考而做出决定的。然而，在我们接触涌入身体内的信息洪流那一刻，就明白了具有良好调控功能的大脑操控我们时，身体就是我们了解自身渴望以及实现目标进而采取行动的主要源泉。

你也许还记得迷走神经复合体是身体的一部分，负责对环境的安全程度做出回应——战斗或愤怒、逃离或恐惧、固化或分离——身体回应取决于认知的有效性或绝望感受程度。根据原生家庭的情绪基调，我们可推测出很大程度上，人们在成年时期也会处于应激的状态。对大多数人来说，只要人们开始感知身体、命名感知与情绪，发现隐藏于我们经历背后的渴望，其状态就可以改变，身体也就能够变得更加轻松。

"每个人都有触摸和探究这个世界的方式，每个人都需要去了解和接纳对自己影响最大的共鸣种类"，明白这一点是很重要的。对于处于分离状态的人，我们要学会以一丝不苟的温情去接纳他们，找到最有效的治愈方式。

随着我们更加清晰地了解情绪负担所造成的神经生物学上的压力，身体就开始冒出一系列感觉：羞耻的冲击感、这种羞耻感是如何与自我感觉相纠缠的以及发生在我们身上的可能性的疑问感。当我们被排挤或没有任何归属感时，承载生理疼痛的循环也被激活。由于儿童大脑的局限性，人们会认为人性本恶，却没有看到他人关爱自己。

人类生来就容易被情绪驾驭。我们甚至不能在如何合理运用钱财方面做出正确的决定，如果我们无法触及自己的情绪，就会认为这样的事情是以逻辑为基础的。缺乏有力且善于共鸣的前额皮质，人体情绪循环就无法运转，只能简单地发现问题却无法解决。人类以其无限的创造潜能破除身体限制。如果我们所传递的能量超过原生家庭所能承受的程度或安全范围的程度，我们就会屈服于羞耻中。愤怒与自我憎恶的轻蔑感一触即发，随时会把自己贬得渺小，让我们只能蜷缩在容纳自己情绪与表达的内心空间内。

自我憎恶的循环也是一切焦虑、抑郁、成瘾症以及自杀念头和行为的始作俑者。父母给予我们的情绪认同与修复越多，我们就会变得越有韧性，以上述方式伤害自我的可能性就越低。

大脑在了解与思考自体之后，就开始创造一种新的神经网络，这种神经网络能够支持我们更加温和地生活，少被内隐记忆刺激，有更多选择，更加能够融入现实关系中。正如我们所学，当对情绪经历的命名有助于大脑的健康运转时，人们也可以利用与生俱来的能力帮助自己学习治愈的方式。

随着心声改变，外部声音也随之变化，给自我封闭的内心注入新的生机，与同在转变心声的他人之间建立新的连接。当安全感升起，我们以让他人感到安全的方式谨慎表达。人体随着交流方式变化而一起放松下来，人们也学着对自己的想法、言语及行为肩负起更多的责任。

在世界上创造无限可能的人类，却因无知而感到卑微，折服于自己的恐惧、嫉妒以及琐事之下，通过冥想和共鸣的帮助，我们能够重新站立，回归到一直给予我们关爱的无限温暖中。

阅读书中所述神经生物、脑区等知识的行为将引导各脑区之间建立连接，即使我们仍感觉自我共鸣是那么遥不可及，仍能形成内在共鸣。这种学习方式最初在人类的大脑中始于微末，渐渐地就形成我们可以赖以生存的更深层、更复杂的状态。人们认为自己或他人是错误的或不够好的想法也就越来越少，而且开始意识到日常生活中的创伤后果。人们开始留意自己应得之事、人生为何如此晦涩难懂以及是什么让我们受到限制的想法。他人在我们眼里也就变得更加有趣，孩子也能变得神秘起来。每当我们在接触这种学习时，都能挖掘出整个生命中更多的暗示与联系。

当人与人之间抓住彼此的生命能量，就会产生集体的安全神经认知（我们明白在细胞层面上自身是安全的）。有可能在阅读本书之前，别说在一个团体内的安全感了，就连获得安全感以及被他人所接纳的生动经历对于我们而言都是相当陌生的概念。这种认知改变人与人之间对话以及倾听的方式。人体系统随之真正进入洋溢着温暖、温和及愉悦的社会状态。在这种状态下，人们能够更加轻松地整合、理解并避免压力被带入语言及姿态中，让温和、幽默的尊重浮现。一旦让这种方式开始作用，人类关系与共同体也就随之转变。

关于如何阅读本书的终极畅想

　　我在想，你在读到本书最后一部分时是否感到些许安慰，是否在这几页中找到一丝属于希望的愉悦？踏上这场治愈之旅的你是否很欣慰，是否还有那么一点不知所措和对舒缓的渴望？现在你已经读完了那些词语，你想不费吹灰之力地就把所有已经知晓的内容都装进脑袋及身体内吗？如果你为阅读本书之前失去的时间与生活能量哀悼，你想直接跳过这种感受吗？你需要哀悼及释放愤怒、憎恨，你需要巨大的悲痛得到认同吗？此刻，当你再回看整个治愈之旅，开始踏上这条道路时，治愈的希望是否燃起？

附录1 自我评估

现在回到书中，自测一下你从本书中学到的内容。当你读到这些问题时，让你的身体用"是"或"否"回答。你回答"否"的每一个问题都让你明白冥想指南该停留在哪儿。这些问题没有对错，有的仅是一扇扇通往某处的大门。让你的内在共鸣与你携手，伴你阅读吧：

前言

0.1 我明白大脑可以变得更好。

第一章

1.1 我知道默认模式网络指的是什么以及它的基调如何影响我。

1.2 我可以听到自己的默认模式网络的声音。

1.3 默认模式网络告诉我一些事情。

1.4 我可以把注意力带回到呼吸上。

1.5 我明白注意力会偏离我的要求，这是很自然的事情，因为注意力想确定一下我有没有留意到它所想之事。

1.6 无论注意力做了什么，我都能够以温柔与温暖之情对待它。

第二章

2.1 我知道我有杏仁核、身体感知以及情绪生活。

2.2 我知道我有前额皮质,它令我有同情与共情的能力。

2.3 我认识到,如果我待注意力有一丝温暖,就可能会给自己带来一些温暖。

2.4 如果自我温暖很难,我可以专注一个代表细胞来降低难度。

第三章

3.1 我理解内在共鸣是什么,这个概念是如何代表神经网络——让前额皮质承载杏仁核,镇静、安抚并调节自己的网络。

3.2 我认为我正在培养或能够培养内在共鸣。

3.3 我能够让自我同情之路活跃起来,能够扶持自己度过人生的起起伏伏。

3.4 我明白身体感知有助于了解我所感受的情绪。

3.5 我能够认识到情绪的变化及细微差别。

3.6 我认为我是一个心思细腻的人,能够捕捉每个情绪,而不是其中几个。

3.7 我明白如果我在每次感受到某个情绪时,意识到我是存在的,那么那种情绪是如何与自己纠缠在一起的?我可以抛开自己天生易愤怒、羞耻、焦虑或害怕的想法。

3.8 我认识到即使自我温暖很难,我也能像其他所有哺乳动物一样,在大脑模式中隐藏着关心循环。我具备支持温暖自我以及作为一个哺乳动物的天性、温暖他人的能力。

第四章

4.1 我了解自我感觉是从我与他人的相互交织中产生的,是交织的一体。

4.2 我认为，自己的野蛮默认状态（如有）的声音是有可能猛然出现的。

4.3 可以想象一下我所有的情绪都与深层渴望和价值相关联。

4.4 如果我听不到身体与情绪的声音，我可能会忽视或不理会自己的经历与直觉。

4.5 我猜测，如果缺乏内在共鸣，我可能会不断地羞辱和批评自己或者控制自己的内心和外部世界，以此来处理自己的情感生活。

4.6 我了解自己的内在苛评正在尽全力为我的幸福做点什么。换句话说，它想要我的生活丰富，改善现有状况，帮助我实现自己的价值并对最高目标坚定如初。

4.7 我能够正确认识到自己如何随着身体感知产生共鸣情绪以及需求猜想来应对内在苛评之声。

第五章

5.1 我曾想如果我有焦虑情绪的话，焦虑的根源是什么。

5.2 如果我产生焦虑情绪，我会审视这种深层焦虑背后相关联的儿时感觉。

5.3 我曾想象在母亲腹中时是什么情景，也曾想当母亲孕育我这个小生命时母亲以及祖母的情绪经历又是如何。

5.4 我明白焦虑的两种根源：恐惧与孤独。

5.5 我至少与大脑的焦虑仓鼠轮——前扣带回皮层有过一次交手的经历。

5.6 我明白随着内在共鸣用越来越多的力量、温柔以及理解支持焦虑的自我，无论世间发生何事，焦虑情绪都能渐渐平复下来。

第六章

6.1 我认识到当一段记忆是痛苦且生动的，就有可能追溯过去，产生共鸣。

6.2 我明白记下任何痛苦记忆的价值。

6.3 我开始探索乘着时光穿梭机回到那些痛苦记忆发生之时，用共鸣来安抚它们，给它们带来温暖的好奇心与理解。

6.4 我明白当身体在曾经的那些痛苦记忆中放松下来，意味着我已经收到了一直原地等待我的情绪信息。

6.5 我理解那些曾经给我造成创伤的压力的多重情绪经历，并以同情之心对待自己，努力将精雕细琢的温情带给那个忍受创伤影响的自我。

第七章

7.1 我明白自己与他人的愤怒都存在着一定的生活能量。

7.2 我可以分辨出自我与他人身上的社会参与及或战或逃心理之间的区别。

7.3 我可以一边让愤怒的情绪燃烧，一边惦记自己的安全。

7.4 我可以分辨出此刻产生的情绪是因为自己在战斗模式中，而不是真正与他人有什么关系。

7.5 那些曾被我的愤怒情绪所伤的人们，我认识到修复与他们之间关系的重要性。

7.6 我开始利用事后演练程序改变我对事物的回应方式，降低日常发怒程度。

7.7 我不再惧怕自己和他人的愤怒。

第八章

8.1 我对自己的恐惧抱以同情之心，每每感到恐惧时，让内在共鸣与自己相伴。

8.2 我认同即使自己无法寻找到安全之地，也明白寻找安全之地的重要性。

8.3 我明白孩子们是多么害怕这样的情绪表现，自己又是何等恐怖。

8.4 我认识到恐怖与愤怒情绪会阻碍消化系统的正常运转。

8.5 我开始明白紊乱型依附的含义以及它让大脑支离破碎是多么可怕的一件事。

8.6 我认识到，当我轻视自己的恐惧时，那个轻蔑的声音没有与自己的身体或情绪建立任何连接。

8.7 我愿意尝试为自己想象一个安全的空间。

第九章

9.1 我开始理解人类之间归属感的不可逆转性。

9.2 我明白接纳之窗的概念——在情绪表达中对他人和自己敞开的空间。

9.3 我已开始看到那扇为自己与他人敞开的接纳之窗。

9.4 我理解不被认同与在社交关系中燃起的羞耻情绪之间的关系。

9.5 我知道当自己的生活能量得不到他人的认同时会产生羞耻感。

9.6 我明白如何将温和的保证带给那个感到羞耻的自我。

9.7 我认识到，分离一直都是一种保护策略，即使它让人难以承受。

9.8 关于儿时充满恐惧与危险，没有任何希望、陪伴、被支持的机会或不想让孩子正常生活的环境方面，我有一个有益的想法。

9.9 我知道如果自己没有安全感，神经系统就会先进入或战或逃模式，如果这个模式发挥不了任何作用，神经系统就会进入固化模式。

9.10 我理解自己主要活在警报（或战或逃）或分离（固化）状态下，也能明白当内在共鸣站稳脚跟时，应该开始花更多时间去培养安全感，神经系统也会在社会参与上花心思。

第十章

10.1 我理解父母用其大脑进行自我管理与自我调节的方式与我使用的方式类似。

10.2 给那个认为我需要独自承担（逃避型依附）的自己一些温暖。

10.3 我可以给那个处于一触即发的警报与悲痛状态（矛盾型依附）的自己带来温和与共鸣。

10.4 我感觉应从不同依附类型开始，通过以温暖、关爱及理解陪伴自己，形成"挣来的"依附类型。

第十一章

11.1 我明白自我憎恶的循环是求生的尝试。

11.2 我认识到，当我对自己愤怒时，可能会降低生活能量，把自己塞进固化状态（羞愧心让自己认输）中来管控自己。

11.3 我认识到，自己可能以愤怒来打击自我，只有这样才能脱离固化状态。

11.4 我已对内在苛评（默认模式网络）声音的真实性产生怀疑。

第十二章

12.1 如果我患有抑郁症，就能够辨认消极的自我对话方式在持续抑郁状态中所产生的影响。

12.2 我发现有两种抑郁形式，一种代表终身孤独，一种为消极的自我形象。

12.3 不论自己是有一种还是两种抑郁形式，都可以以同情待己。

12.4 我明白带给放大自己抑郁经历的苛评声音的温暖与共鸣越多，探索重获幸福的治愈之途的能量也就越多。

第十三章

13.1 我理解成瘾症或强迫症都是人类大脑进行自我调节的方式。

13.2 我明白旧伤，尤其是几种创伤类型交织在一起对人们大脑所造成的影响以及这些创伤是如何肢解大脑，并刺激成瘾症更加疯狂地让大脑运转。

13.3 我明白上几代人的创伤可能会影响当下家族中的成瘾症情况。

13.4 我们在转变自我调节策略方面所产生的共鸣越多，生成的情绪修复空间就越大。

第十四章

14.1 我发自内心地理解对高兴、敬畏、愉悦、兴奋、开心等愉悦情绪以及其他负面情绪上的共情与共鸣回应的重要性。

14.2 我可以明显地对他人表示温暖和关爱，开始发现自己也具有对他人依附的能力。

14.3 我认识到温暖共同体的重要性。

14.4 我相信自己可以生活在一个富有情感的共同体中，并与自己和他人建立连接。

14.5 我愿意回到自己的共同体中，当自己不知所措、害怕或愤怒时可以寻求帮助与支持。

14.6 我能够在完整性感觉与自我连接不在场时做决定。

14.7 我在寻找真实自我感觉中的意义与目的。

14.8 我愿意以共鸣回应自己与他人。

附录 2　术语表

ACC：前扣带皮层或前扣带回；蜷曲在颅脑内的皮质的环带状块的前部，位于后扣带回皮质前方位置；前扣带皮层尤其对情绪及思维的整合以及人类的自传体思考起重要的作用，有助于人们将思绪带到过去、回到现实及展望未来世界。在人体焦虑情绪方面是主导者，有时人们认为它是默认模式网络的一部分。

陪伴：身边有真实的某个人或假想的某个人陪伴在侧，这个人让我们感受到关爱，是自我调节的一种形式。

童年逆境研究（ACE）研究：一项大型研究（共计 17 000 名被调查对象），是针对与因生病、成瘾症及早逝而造成的创伤相关联的研究。

成人依附类型：依附心理方面的研究人员在描述成人依附模式时所采用的种类为，安全型、害怕逃避型、回避型以及焦虑型依附。

述情障碍：无法解读身体的情绪信息；身体盲目。

矛盾型依附：一种压力与或战或逃反应状态绑定的模式，在这种模式下，人们一旦受到压力的影响，身体就会直接切换到或战或逃的心理应激模式；人们不断试图获得充足资源，并传递忧虑的行为信号，无法轻易被抚慰。

杏仁核：位于大脑边缘系统的一个脑器官，负责人体情绪与内隐记忆，过滤人体所接收的所有信息，自动筛查现时经历以辨别其是否存在与过去经历中曾发生过的艰难事件或危险情况相似，如果发现有此类经历就立刻拉响身体警报。

焦虑：身体解读出某个故障的一种警报信息的情绪，一种持续感到恐惧与期望的情绪状态；50％的症状中伴随着抑郁。

焦虑依附型：这是一种成人依附类型。焦虑依附型的人们想要在情绪上完全与他人保持亲密，却常常发现他人对自己的亲密渴望表示迟疑或不情愿。脱离亲密关系，就会感到不适，偶尔还会担忧他人不重视自己。

联结：神经元与脑区的思维模式联结，但可能彼此之间不相触及。

依附：了解如何结成关系，应该从关系中期望什么。

调谐：人们将注意力转移到他人身上，以温暖、尊重及好奇心来关注他人，让他人的整个体－脑系统都在思考自己是怎样的。

逃避型依附：一种结合模式，在这种模式下，由于人们不懂得他人就是自己的资源，因此学习自我照顾。

轴突：神经元发出的突起。

大脑：布满全身的整个神经系统，包括颅脑。

关心系统：神经系统科学家潘克塞普提出的七大**情绪系统**之一，支持给予自己与他人温暖、关爱以及鼓励。

小脑（拉丁文为 cerebellum）：位于脑部后下方的小块区域，协调人体思维与行动；会受到虐待的影响。

情绪系统：从潘克塞普七个基础的情绪网络而来，如同哺乳动物一般具有不同的生命能量，关心系统、追求系统、惊慌／悲伤系统、愤怒系统、欲望系统、恐惧系统以及娱乐系统。

皮层：负责思考的脑区；就像是包裹颅脑的皮肤一样。皮层（在拉丁文中意为"树皮"）也被称为"灰质"。

皮质醇：大脑与身体一起协作的化学物质，当人们感受到压力时，这种化学物质就会调动资源；当安全感回归时，就会切断应激反应。

树突：神经元伸出的突起。

抑郁：一种持续存在的感觉或悲伤、失去愉悦感与生活兴趣，可伴随疲乏及持续的不知所措；50% 的症状伴有焦虑。

逃避 – 不在乎型：一种成人依附类型。这种状态下的人们规避与他人之间的亲密情绪关系，这样会让他们感到舒服；人们认为独立与自给自足是很重要的，因此不喜欢依赖他人或让他人依赖自己。

紊乱型依附：一种联结关系，主要表现特征为抑郁、排山倒海般的焦虑感、上瘾、精神疾病、暴力、虐待、忽视、脾气爆发以及羞耻感；当身体发出亲密需求的警报时，就表现得万分渴望，回应却无法预料；对亲密关系表现得怪异或不可预测。

分离：不再与身体相连接的感觉；存在与身体感觉、自我感觉的断连。

分神：注意力没有集中在烦扰之事，却在其他一些不相干的事情上；是自我调节的一种形式。

分神的神经系统：所有的身体神经，包括颅脑的神经元。

DMN：默认模式网络，又称默认状态网络；是一种自动化的思维网络，整合记忆、创造性思维与自我感觉。

多巴胺：大脑的一种主要神经传递介质；非常支持追求系统；提供能量与愉悦。

背侧：大脑与身体内朝向脊柱的某个位置，又称为"后部"。"背侧"也指颅脑内的某个位置，将前额皮质划分为两部分，上部与下部，称为"腹侧";稍偏后部与下部,称为"背侧"。

背侧注意网络(DAN):当人们接触一些需要高度专注的新颖任务时,大脑网络就会开始产生作用,这与自我本身毫无关系,是一种绝大部分情况下完全关闭默认模式网络的思维模式。

迷走神经复合体:位于迷走神经系统内的无髓鞘神经丛通路,主要整合小肠、心脏及肺部等内脏器官的集成信息,然后将这些信息汇总传送到颅脑中。这种复合体的激活会启动固化状态。

背内侧前额皮质:前额皮质内的一个脑区,位于脑部中线位置,在前额延伸至上部与背部;一部分默认模式网络,对人类自传体的思考尤为重要,帮助人们在社会关系状态下思考过去、现在以及将来。

失调:不健康的压力应激反应,这包括人们乱发脾气、行为暴虐、猖狂肆虐或生活在遗留创伤及分离的后续影响下。

"挣来的"安全依附型:从不安全依附型转移到更多平衡并从他人与自己身上期待温暖的状态,作为支持关系的治愈任务。

具体的自我意识网络:该网络从人类身体所在空间、边界以及内受信息(来自体内的感官输入信息,比如肠道、心脏以及肺部)中接收所有感官信息,通过脑干到达大脑边缘系统,与引导我们解读输入信息的颅脑联合区,解码人类与世界的关系。

情绪创伤:发生某事的时刻太过于艰难、恐怖或痛苦,以至于大脑-身体无法承受,整合经历也就变得不可能。

情绪温暖:以关爱及接纳之心对待与他人相遇的经历。在身体层面上,情绪温暖这一概念也包含了亲密性以及肢体接触的舒适可能性。

内源性大麻素:大脑支持创伤治愈的首要化学物质。

内生性苯二氮卓：一组大脑化学物质，如安定，具有抗焦虑、肌肉放松、镇静以及催眠作用。

内源性类阿片肽：也称"内啡肽"；大脑分泌的"吗啡"以及"海洛因"物质，可以麻痹疼痛，使人体感到幸福。

肠道神经系统：肠道大脑；包括 5 亿个左右的神经元，位于消化系统壁内，从食道分布到肛门。

表现遗传学：研究基因表达修正，而非基因密码本身的改变。

麦角受体：感受压力、紧张、疲劳、温度、痛苦以及来自体内的所有其他感知的神经末梢。

外显记忆：我们意识到的记忆——我们知道自己知道什么。

恐惧系统：潘克塞普七大情绪系统中的一个，能使人体在面对危险时产生逃跑、退缩及隐藏的反应。

逃避－恐惧型依附：一种成人依附类型。人们不习惯于亲近他人，想要在情感上有亲密关系却发现很难完全相信或依赖他人，担心如果与他人走得太近会受到伤害。

前方：大脑与身体内的某个朝前方向位置；也称为"前额"。

大脑额叶：颅脑最前面的分支。

功能性磁共振成像：通过探测血流相关的变化，以磁共振图像来显示大脑内部运转情况的一种研究方法。

GABA：即 γ－氨基丁酸，是一种在颅脑以及身体－大脑内充当神经递质的氨基酸。它可限制神经传导，抑制神经活性。

心率变异性：心跳的变化速度。

脑半球：颅脑的两个半体。

海马体：大脑边缘系统中的一个区域，负责生成、储存及处理记忆，尤其是外显记忆。

固化：在或战或逃模式不起任何作用的情况下身体的反应；当人体在压力压迫——包括打击、行为系统的停滞、佯死、昏厥、无助、固化以及分离等状态下感到无助时，身体就会自动切断交感神经以及背侧迷走复合体的兴奋作用。

内隐记忆：我们没有意识到的记忆——我们不知道我们知道了什么。

下部：大脑与身体中的某个方向位置，朝下向脚。

额下回：前额皮层中的一个区域。额下回与默认模式网络之间的连接问题导致我们对人生诠释与自我感觉之间产生消极思维。

脑岛：位于皮层内层，负责接收来自杏仁核的原始情绪负荷，并帮助人体定义情绪。

人际神经生物学（IPNB）：关联大脑研究（不仅针对大脑本体，还有大脑之间是如何互相影响的研究）；综合社会神经系统科学领域、依附研究、复杂性理论及心理学方面的认知。

外侧：位于脑内与身体的某个方向位置，远离中线，朝边界外围。

左脑：位于身体左边的颅脑半球。

大脑边缘系统：包裹在脑组织深层位置的内脑组织，连接身体与颅脑，帮助人体处理情绪、记忆、连接以及危险警报；与皮层不同，属于另一种脑组织，除了其他器官与组织之外，还包括杏仁核与海马体。

脑叶：颅脑的分区。

欲望系统：潘克塞普七大情绪系统之一，负责性欲。

内侧：位于大脑与身体内，朝向大脑中线的某一个位置。

内侧前额皮质：大脑中线沿线前额皮质中的一个区域；默认模式网络中的一部分；在追溯与前瞻记忆以及使自己为他人着想方面发挥着尤为重要的作用。

内侧颞叶：颞叶的一部分，靠近大脑中线位置，负责人体记忆；默认模式网络中的一部分。

镜像神经元：位于运动皮质内的神经元，帮助人们理解他人行为。

髓磷脂：在神经元末鞘外围形成的隔离物质，增加能量与信息传递速度。髓磷脂为白色，形成白质。

有髓鞘的：由髓磷脂覆盖。

情绪词命名：给情绪冠名；是自我调节的一个形式。

安全感的神经认知：在神经系统层面产生的安全感。

神经发生：新神经元增长。

神经元：大脑内的基础细胞。

神经元重塑：神经元脊柱的增长或缺失。

神经元脊柱：大脑改变能力的科学用词。

神经递质：大脑内负责在各神经元之间传递信息的一系列化学物质。

枕叶：位于头后部的颅脑分区。

催产素：一种连接荷尔蒙，能够减少人体内肾上腺酮等压力激素的水平，降低血压。

惊慌/悲伤系统：潘克塞普七大情绪系统之一，对遗弃、孤独、缺失以及哀伤进行反应。

顶叶皮层：顶叶的最外层（灰质）；对于自我认知与自我寻迹尤为重要。

PFC：位于大脑额叶前的前额皮质；在内在共鸣的意识位置部分，这是因为它可以帮助大脑进行自我调节、计划并实施日常生活中所需的行为。

娱乐系统：潘克塞普七大情绪系统之一，负责娱乐性的活跃和人与人之间的互动，给人类与动物带来欢笑。

后侧：位于大脑与身体朝向脊柱的某个方向位置，也称为"背侧"。

双侧后扣带回皮质：包裹在颅脑内皮质的束状点后部，因所处位置较深，有些人会认为那是大脑边缘系统的一部分，负责帮助人体整合万事，是默认模式网络的一部分。

事后演练：当人们被刺激或感到后悔，则会有意识地将一段经历重新上演，以对那个当时不知所措也无人相伴的自我引起共鸣。

楔前叶：楔状脑组织，位于顶叶后部，负责储存有关自我的记忆与反思，并追踪他人所做之事；是默认模式网络的一部分。

PTSD：创伤后应激障碍。是大脑持续处在创伤经历所造成的伤害与破坏状态，可包括创伤的侵入性记忆及分离。

愤怒系统：潘克塞普七大情绪系统之一，负责对安全、尊重、幸福以及效能需求方面的挫折进行回应。

受体：接收化学信息的树突末梢区域。

重构：以不同方式思考一种情况，是自我调节的一种形式。

共鸣：感受到他人能够完全理解我们，给我们带来温暖与包容；我们明白他人会触摸我们的肌肤，感受我们的心灵与渴望。

共鸣技巧：了解如何运用语言；使人与人或自己与他人之间变得更加亲近，能够将情感关系与功利主义相互区分，能够选择关联语言。

共鸣语言：将我们转变到关联空间的语言，包括思考及情绪词命名；梦想、渴望与需求；身体感知；关系中发生的事情；隐喻、视觉表象以及诗意。

右半球：位于身体右侧的半边颅脑。

RSW：内在共鸣，具有自我温暖与**自我调节**能力的脑区的人格化。

安全型依附：一种联结模式，体现人们可以依赖他人获得潜在温暖、回应与共鸣的预测。

追求系统：潘克塞普七大情绪系统之一，为了获取所需以及探索发现而采取行动。

自我管理：人们用于回应成瘾症、强迫症，控制他人与环境以及置身批评之外和控制自我而造成的压力方面的具体化策略。

自我调节：一种控制身体机能、经历强大情绪后回归平衡且保持专注的能力。

颅脑：位于颅内的**大脑**组织。

社会参与：当人们产生安全的神经认知时，利用腹侧迷走神经丛的一种神经系统状态。在这种状态下，人们开始不断汲取氧气作为他们的主要能源，并将身体大脑的能力转换为微妙解读与社会线索表达。

脊柱：位于树突上，可接收来自其他神经元的轴突信息，形成一种新的连接，当接收到足够使用的信息时，就会生成一个新的树突。

上部：位于大脑与身体内，朝向头顶位置。

交感神经：指或战或逃回应；身体对于压力回应的刺激，压力伴随着增加的心率及保护、防御或从危险源逃离时所采取行动的需求。

突触：在神经元之间的连接位置。

颞叶：位于人体额角内的颅脑的一部分。人类的大部分记忆储存在这里。

代际创伤：当过往的痛苦经历及个人经历发生在当事人的子孙后代时所产生的影响。

创伤性分离：人类的分离状态；内在世界与外在世界，自我感觉与身体感觉之间变得支离破碎的状态。

无髓鞘：缺乏髓磷脂。

迷走神经：从体内一直向上，达到颅脑及背部（80% 到达大脑，20% 到达身体）的神经束，大部分神经束都接收来自所有器官与消化系统的信息。

腹侧：位于大脑与身体内朝向身体前部的位置。腹侧也指正位于颅脑内将前额皮质分割为向前及向下和稍向后及向上这两大部分的位置；向前及向下部分称为腹侧，稍向后及向上部分称为背侧。

腹侧迷走神经复合体：当神经系统产生安全感认知时，迷走神经丛的无髓鞘部分被激活。在这种社会参与状态下，人们开始不断汲取氧气作为他们的主要能源，并将身体大脑的能力转换为微妙解读与社会线索表达。

腹外侧前额皮质：是指前额皮质中的额下回部分，远离大脑中线位置，从背腹向下及向上移动；默认模式网络的一部分，在做停止某事的决定以及重新将注意力定位在目前关注点之外发生的感知事件上尤为重要。

腹内侧前额皮质：前额皮质中的一个区域，位于大脑中线边缘，从背腹侧线向下向上移动；默认模式网络的一部分，对于连接身体与情绪意识以及管控情绪方面尤为重要。

忍耐之窗： 动物或人类可承受的压力程度，在这种程度下人们可自行恢复而不会落入或战或逃模式或固化反应的状态。

接纳之窗： 以温暖与理解接纳，且能够较为轻易地在一段关系中反映引起共鸣的情绪表达的强度。

致谢与本书的诞生

2012 年 8 月的一天，三个女人找到我说："莎拉，我们想出一本书，由你执笔，而且我们会全力以赴支持你的创作。"此时，我已经为抚平心灵创伤的共鸣词语苦思冥想，对深入探索大脑与人际神经生物学之关联百般构思长达七年。

听到此话，我不禁为之一震，高兴、恐惧和伤痛等思绪一并涌来，内心五味杂陈。我既为得到如此大力的支持而倍感惊讶，又因独自创作而深感孤独。直至我开始这七年的创作之旅，我才意识到自己的头脑其实并不是一个善于发掘创作的场所，因此，仅凭我一脑之力独揽整个创作过程的这个想法实在是有些恐怖。我的创伤已经愈合到足以传教他人的程度了吗？哪怕我对自己无情批判，结果语言四分五裂，精要之处却只能保留在论述的开始？我同意朋友们的意见——应该写这本书。但我能做到吗？

朋友们说她们会以小组或一对一的形式和我电话联络，这样我就不用孤身一人苦苦创作了，我可以同她们交谈，她们来做笔记。朋友们称我们的创作团队为"蒲公英计划"，示意自我同情之绪向他人播种，进而生根、结果并继续普惠。

我的这三位朋友分别是塔米拉·弗里曼，她是整个构思的创始者，其项目管理才能促使我们将惊人之量的一整本书分解成几大部分和章节逐次完成；黛波·索尔海姆，创作小组的第二位成员，她陪伴我走过这七年之久的创作历程，甚至在其中六年时间里同我一起在女子监狱里传授这份创作材料；第三位成员米卡·间庭，是创作过程的核心支柱，她以建设和维持温暖大家庭的能力，鼓励我们在创作中为普遍的材料注入生命力，并使之惠及大众。

在我着手创作的过程中，团队成员携手助我扎实踏过每一步，像帮助蹒跚学步的婴孩一般帮助我。她们每周定期同我进行电话研讨，当我悲伤而泣和羞愧不已时给予我莫大的精神支持，鼓励我大声发表创作材料，记录我们的会议内容。当书籍章节初具雏形，她们反复斟读每字每句，力求使本书完善流畅，浑然一体。

其次我要感谢潘妮·沃尔登，如果没有她的支持，我是无法完成该书创作的。潘妮早在我开始了解冥想方面的研究之前就已经洞悉所有，并作为挚友给予我创作灵感。还有我的先生马特·伍德和儿子尼克·伍德，感谢他们给予我快乐，伴我左右，使我能全力以赴地创作。还有苏珊·傅西洛和卡罗尔·费里斯，我对你们的感激之情无以言表。

在编纂本书期间，我的养子本杰明·布里克因儿时创伤不幸离世，年仅32岁。那时我意识到我所写的内容也是为了不让其他有相似经历的人重蹈覆辙；我希望即使他已离世，该书也能作为指明灯为其他人指点迷津，寻找出路。

邦尼·巴德诺赫是支持这本书创作的模范，她在指导创作的同时也在自我创作。她将此书推荐给了诺顿出版公司。她可以说是我的好助手，非常感谢！

神经系统科学顾问艾兰和诺顿公司副总裁黛博拉·马尔穆特，我不确定二位是不是对照顾婴孩的经历有所感悟，但我对两位在此书创作期间所给予的帮助表示由衷的感谢。

在本书图解和插图部分的准备过程中，埃米莉·查菲与我一起扎扎实实地做好每一项工作，拜访神经系统科学专家和顾问，带来准确无误的与大脑相关的精美插图。

十年前，我有幸听到苏珊·思凯关于通过共鸣移情治愈创伤的神经系统科学的讲座。我聆听了苏珊的所有讲座之后不久就拜其为师，跟随苏珊学习了五年。

我还想感谢丹·米勒及格罗里娅·利贝克对我在写书期间所给予的支持和协助以及我们之间恒久不变的友谊。同时也要感谢帕特里斯·斯参克的支持，她说在自己闭眼之前一定要看到此书问世，但很遗憾的是，她在2016年9月18日因癌症去世。

另外，我要对神经系统科学研究员米歇尔·安德烈森及劳拉·帕雷特腾出宝贵时间，为本书个别章节的准确度及明晰度方面进行校对而表示感谢，对于有些错误表达或不够清晰之处，我会负责全部的更正工作。

再者，我还想对美国俄勒冈州科菲克里克惩教所里的工作人员以及华盛顿双河男子监狱的工作人员说，我永远感激你们为传播此书意义和清晰传授该书内容所做出的努力。

还有对于在世界各地为此书撰写及其他工作辛劳付出的各位：俄罗斯和马来西亚的奥尔加·阮；丹麦和波兰的潘妮拉·布兰特讷尔和乔安娜·伯兰特；在日本的后藤裕子、后藤堂本刚、阿武坚和铃木重子；葡萄牙的纳塔·菲亚尔霍·布拉沃以及在瑞士的维拉·海姆和塞尔维·赫尔宁，我希望此书能够为你们的生活和工作带来支持与养分。

还有在北美的各位：阿曼达·布莱恩、卡洛琳·布卢姆、埃米莉·查菲、盖尔·多诺霍、利·加布尔雷斯、森德拉·哈里森、莎多莉·哈林顿、星野克莱米耶、塞莱斯特·凯尔西、苏珊·詹宁斯、米卡·间庭、吉姆·曼斯可、乔瑞·曼斯可、维卡·米列尔、玛里琳·马伦、温迪·诺埃尔、克拉莉莎·欧、马里·帕克、达丽莲·普莱特、约翰·彼特、山姆、罗斯玛丽·伦斯塔德、凯瑟琳、佩吉·史密斯、沙兰·瑟莱克、康斯·川温斯、杰西卡·万·霍格维斯特以及安吉拉·沃特罗斯，谢谢你们寄予本书的共鸣、支持并将本书之思想惠及他人。

我在此还想感谢梅利莎·班克斯、布鲁斯·坎贝尔、索菲亚·坎贝尔、苏珊·迪·狄克逊、阿尔佛雷德·乔耶尔、丹尼尔·金斯利、贝基·刘易斯、卡罗尔·琳赛、艾莉森·麦当劳、珍·麦克尔哈尼、约恩纳·摩根、戴安娜·梅尔斯、尼娜·奥塔索、贝弗·帕森斯、卡尔·普莱斯纳、莎娜·里特尔、瑞塔·施密特、沙龙·西摩尔、佩吉·史密斯、菲利普·迪·斯图尔特以及我挚爱的卡门·沃陶和卡拉·阿德维尔·韦勃等第二读者们，谢谢各位对本书的关心及悉心的意见。

我也要对这些年支持我、爱护我的人们表示感谢，包括我的哥哥詹姆斯·佩顿、埃琳娜·佩顿·琼斯、詹妮弗·琼斯、凯瑟琳·罗格斯塔德和米凯拉·怀曼，还有马里·亚历山大、恰克·布莱文斯、埃里克·鲍尔斯、乔斯林·布朗、菲利斯·布若佐夫斯卡、贾尼斯·恩格、莫里斯·弗吕林、特丽雅·吉尔哈特、安妮·哈基·鲍尔、珍妮·杰克逊、芬恩·勒德洛、达里雅·伦德奎斯特、弗里特·迈尔、克莉丝丁·马斯特斯、简·彼得森、帕姆·拉斐尔、阿特·雷斯尼克、埃维·罗尔斯顿、凯瑞德韦恩·尚克、迈克尔·史密斯、诺亚·史密斯、利亚姆·史密斯、特吕格·斯蒂恩、凯利·史蒂文斯、安娜塔西亚·史蒂文斯、卡洛琳·斯图尔特、利亚·斯图尔特、科林·图特尔、埃琳娜·韦谢拉戈、凯利·威尔逊、伊丽莎白·伍德、帕特·伍德及查尔斯·沃尔。

最后，我想对我的朋友们说，这本书原本是为了纪念你们而创作的，我希望你们能接收到这一信息。